Wohnräume

planen | einrichten | erleben

Tipps und Ideen, Materialien und Beispiele.

Johannes Martin

Wohnräume

planen | einrichten | erleben

Tipps und Ideen. Materialien und Beispiele.

Eberhard Blottner Verlag

Inhalt

Der Wohnraum – das Zentrum des Hauses

Der Wohnraum ist das Zentrum eines Hauses oder einer Wohnung. Ob als abgetrennter Einzelraum ausgeführt, als Wohn-Esszimmer oder kombiniert mit einer offenen Küche: für viele Menschen ist er nicht nur der meistgenutzte, sondern zugleich der kommunikativste und repräsentativste Raum der Wohnung oder des Hauses.

Dementsprechend wird seiner Gestaltung bei Neubau und Umbau besonders viel Aufmerksamkeit geschenkt. Dies fängt mit der Grundrissgestaltung an und beinhaltet eine Vielzahl weiterer Aspekte: die Wahl der sichtbaren und verdeckten Materialien, die Möblierung und insbesondere bei Neubauten oder tiefgreifenden Maßnahmen im Bestand nicht zuletzt die Verbindung des Wohnraumes zu den angrenzenden Bereichen der Wohnung oder des Hauses.

Dieses Buch möchte allen an der Neu- oder Umplanung eines Wohnraumes Beteiligten, insbesondere Bauherren und Architekten, zahlreiche Anregungen für das eigene Projekt geben – nicht im Sinne eines Kataloges zum Nachbauen, sondern im Sinne einer Inspirationsquelle. Lassen Sie sich von den teilweise sehr unterschiedlichen Beispielprojekten zum Nachdenken und Träumen anregen – von solchen, die unter ähnlichen Voraussetzungen entstanden sind und von weiteren Beispielen, die Ihnen besonders zusagen werden! Die Gestaltung eines großflächigen Raumes in einer Villa kann in Gesamtheit oder in Details auch als Anregung beim Ausbau eines Dachgeschosses dienen, der Wohnraum eines kompakten, kostengünstigen Einfamilienhauses auch beim Entwurf eines Lofts! Das Entscheidende sind Raumeindrücke, gute Ideen, Wirkungen und Eigenschaften von Materialien. Ebenso können auch individuell als weniger gelungen angesehene Lösungen eine große Hilfe bei der Entscheidungsfindung für den eigenen Entwurf sein – zu wissen, was man nicht möchte, ist genauso wichtig, wie zu wissen, was man möchte!

Auch wenn dieses Buch in erster Hinsicht einem Teilaspekt der Wohnhausarchitektur gewidmet ist – der Gestaltung des Wohnbereiches – so ist doch Architektur ein umfassendes, komplexes Thema und es wäre unsinnig und wenig hilfreich,

einen solchen Teilaspekt gänzlich isoliert zu betrachten. Die Erläuterungstexte zu den Projekten gehen daher ganz bewusst nicht nur auf den Wohnraum selbst ein, sondern stellen diesen in den Zusammenhang aus der Gesamtarchitektur des Hauses, wichtigen bautechnischen Punkten und erwähnenswerten Materialeigenschaften. Im Einzelnen wird, sofern sinnvoll, auf folgende Punkte eingegangen:

Außenarchitektur des Hauses

Zunächst wird die äußere Gestaltung des Hauses beschrieben, gegebenenfalls wird das städtebauliche Umfeld, in dem das Haus erstellt oder umgebaut wurde, vorgestellt.

Ebenso werden hier in einigen Fällen die architektonische Idee oder das Entwurfskonzept des Planers erläutert. Die Ausformulierung des Wohnraumes ist in der Regel hiermit eng verbunden, umso mehr, je offener der Wohnbereich zum Außenraum hin gestaltet wurde. Gerade bei moderner Architektur verschwimmen die wahrgenommenen Grenzen zwischen Innen- und Außenraum immer mehr. Die traditionelle Lochfassade wird häufig ersetzt durch große Glasfassaden, oft mit überdachten oder anderweitig geschützten Freiflächen, die im Sommer den Innenraum erweitern.

Innenarchitektur

Zwar ist der Wohnraum häufig der wichtigste Raum des Hauses, doch in der Regel nicht der einzige. Und ohne, zumindest rudimentäre, Berücksichtigung des weiteren inneren Raumgefüges wird oft der schönste Wohnraum nicht verständlich. Daher werden bei allen Projekten zumindest die sonstigen Räume erwähnt, manchmal auch eingehender beleuchtet.

Der Wohnraum

Das eigentliche Thema dieses Buches sind die Wohnräume der vorgestellten Häuser und Wohnungen. Die Bezeichnungen dieses im deutsch-österreichisch-schweizerischen Durchschnitt 22 m² großen Raumes sind vielfältig und regional unterschiedlich, am gebräuchlichsten sind wohl die Begriffe Wohnraum, Wohnzimmer und Stube. Insbesondere Architek-

ten sprechen auch gerne vom „Wohnbereich“. Hiermit ist entweder das heute oft übliche, offen oder halboffen ineinander übergehende Raumkontinuum aus Wohnraum, Essplatz und Küche gemeint, oder aber der aus dem ehemaligen Wohnzimmer hervorgegangene Teil innerhalb dieses Komplexes.

Materialien

Der optische und haptische Eindruck eines jeden Raumes wird ganz wesentlich durch die gewählten Materialien bestimmt: Holz und Textilien vermitteln ein Gefühl von Wärme und wirken, je nach Verarbeitung, oft anheimelnd. Fliesenbeläge, Glas, Stahl und andere Metalle gelten als „kühl“ und auch Sichtbeton wird meist so wahrgenommen – gewachste, rohe Estriche als Fußböden zeigen, dass auch das Gegenteil der Fall sein kann.

Putz wirkt per se recht neutral, viel hängt hier von seiner Oberflächenstruktur und Farbgebung ab. Doch neben Optik und Haptik sind die nicht sichtbaren Eigenschaften der Materialien von großer Bedeutung für Bauphysik und Raumklima – auch hierauf wird zumindest ansatzweise eingegangen.

Möblierung

Einige der vorgestellten Entwürfe leben vor allem von ihrer speziell entworfenen oder ausgewählten, integrierten oder eingestellten Möblierung. Insbesondere ist dies der Fall bei Entwürfen von Innenarchitekten.

Besonderheiten des Entwurfs

Besonders hervorzuhebende Details der Projekte, die zuvor noch keine ausreichende Erwähnung fanden, werden hier kurz vorgestellt.

Klassische Harmonie

Schlichte Formen und Materialien, harmonisch gestaltet und kombiniert, stellen manchen aufwendigen Entwurf in den Schatten – so auch dieses Wohnhaus der Dortmunder Architekten und Stadtplaner Susanne Schamp und Richard Schmalöer.

Wohnraum und Küche gehen mittels eines raumhohen Wanddurchbruchs offen ineinander über.

Für den Neubau fanden gesammelte alte Türen Verwendung.

Straßenseitig besonders markant ist das Eingangsportal.

Außenarchitektur des Hauses

Der Neubau steht in einem Wohngebiet mit Einfamilienhäusern verschiedener Epochen und Geschossbauten der 1950er Jahre. Als Antwort auf dieses heterogene Umfeld entwarfen die Architekten einen schnörkellosen, weitgehend symmetrischen Kubus mit Zeltdach. Sämtliche Fenster des zweigeschossigen Baus wurden im selben, stehenden Format in die Ziegelfassade eingeschnitten. Derart zurückhaltend, stellt das Haus einen Ruhepol innerhalb der vielschichtigen Nachbarschaft dar und wertet diese somit auf. Im Gegensatz zur sonstigen Schlichtheit des Hauses steht das markante Eingangsportal. Aufgrund der Hanglage des Grundstücks konnte das Untergeschoss gartenseitig als Vollgeschoss ausgeführt werden.

Innenarchitektur

Äquivalent zur äußeren Gestaltung fiel die innere Aufteilung aus: das straßenseitige Drittel des Volumens dient als Erschließungsbereich mit einläufiger Treppe. Im Erdgeschoss wurde hier ein WC abgetrennt, im Obergeschoss das Badezimmer. Gartenseitig wurden die Zimmer angeordnet: im Obergeschoss drei Schlafräume, im Erdgeschoss ein großer Wohnraum, daneben die Küche.

Der Wohnraum

Mit seinen vier bodentiefen Fenstern zum Balkon, die in gleichmäßigen Abstand angeordnet wurden, der großen Deckenhöhe sowie seiner rechteckigen Grundrissform im Goldenen Schnitt erinnert der Wohn-Essraum an harmonische Entwürfe klassizistischer Bauten des 19. Jahrhunderts. Unterstützt wird dieser Eindruck durch die Doppelschiebetüre zur angrenzenden Küche, den dort diagonal verlegten schwarz-weißen Fliesenboden sowie den Einbau historischer Innentüren, die von den Bauherren aus Abbruchhäusern zusammengetragen wurden. Nach außen wird der Wohnraum durch einen großflächigen, terrassenartigen Balkon erweitert.

Materialien

Im Anschluss an den Fliesenboden der Küche wurde der Fußboden des Wohnraumes mit poliertem Estrich ausgeführt. Wie auch bei anderen, in diesem Buch vorgestellten Häusern wirkt dieses „kühle" Material hier aufgrund der Gesamtsituation eher „warm". Die Wandoberflächen wurden glatt verputzt und weiß gestrichen, die Fenster mit Holzrahmen ausgeführt.

Möblierung

Auch die Möblierung gibt sich klassisch und schlicht: Massivholz, Stoffe und Wolle bestimmen das Wohn-Esszimmer.

SCHNITT

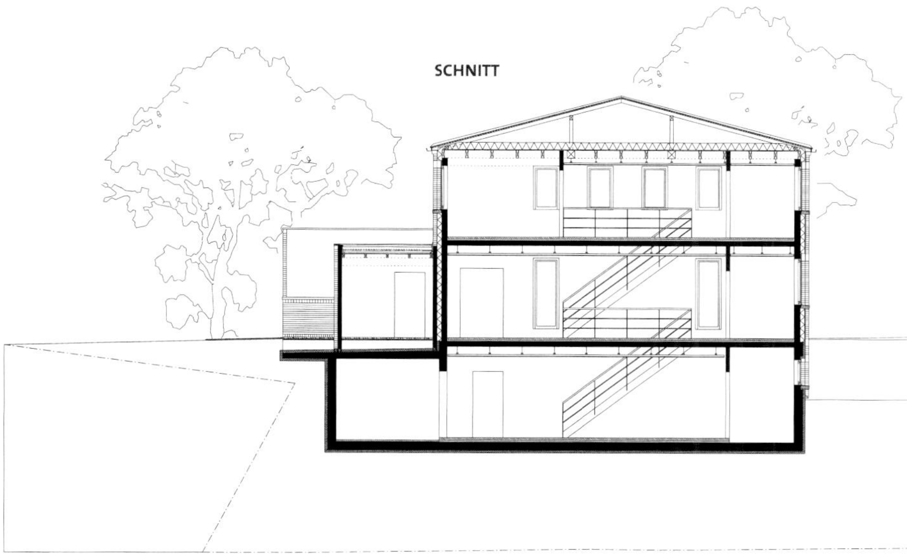

Für die Küche wurden weiße Fronten gewählt. Die Arbeitsplatte wurde aus Massivholz gefertigt.

Besonderheiten des Entwurfs

Mit wenigen, aber sorgfältig zusammengestellten Materialien und einfachen, aber harmonisch proportionierten Formen entwarfen Susanne Schamp und Richard Schmalöer einen ästhetischen Wohnraum in einem gelungenen Einfamilienhaus.

Das Wichtigste in Kürze

Entwurf: Schamp und Schmalöer, Architektur und Städtebau, Semerteichstraße 92, D-44263 Dortmund info@schamp-schmaloeer.de, www.schamp-schmaloeer.de

Wohnfläche des Hauses: ca. 200 m^2

Wohnfläche des Wohnraumes mit Küche: ca. 40 m^2

Baukosten: ca. 300 000 €

Fotografien: Peter Lembke

UNTERGESCHOSS

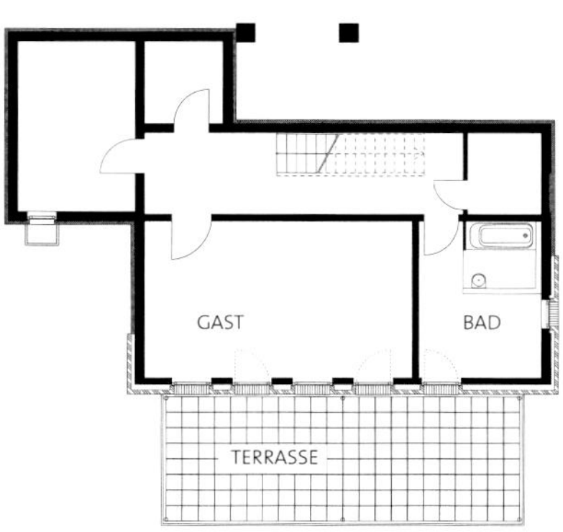

ERDGESCHOSS

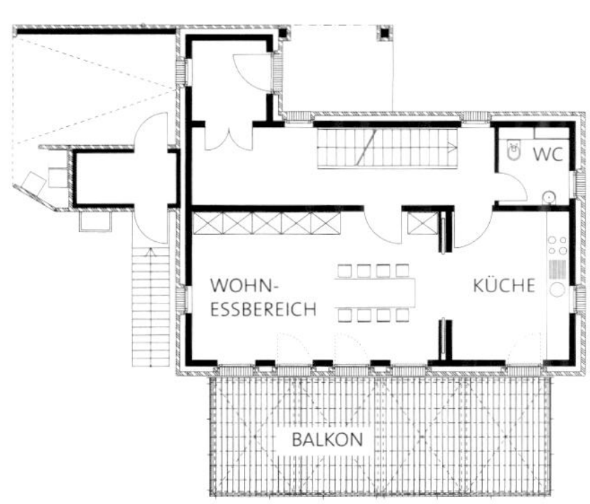

OBERGESCHOSS

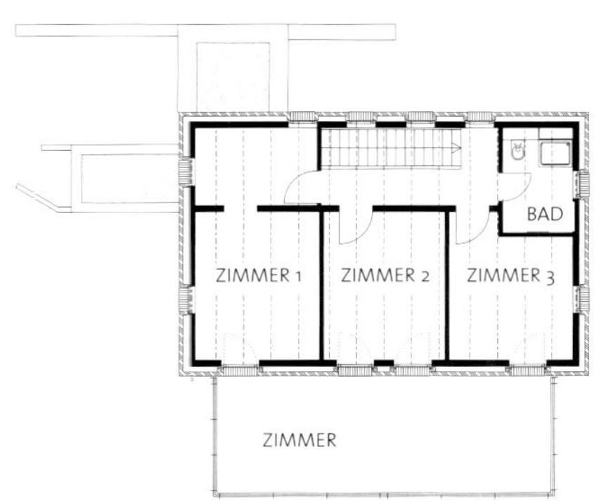

Der terrassenartige Balkon bietet eine Erweiterung des Wohnraumes in die Natur.

Der Wohnraum gibt sich klassisch.

Wohnen und Arbeiten „unter einem Dach“

Ungenutzte Dachgeschosse lassen sich mitunter zu äußerst qualitätvollen Räumen ausbauen. Wie das geht, zeigt etwa dieser Entwurf der Düsseldorfer Innenarchitektin Iris Preller.

Der Raum wirkt heute hell und großzügig.

Außenarchitektur des Hauses

Das Einfamilienhaus wurde 1969 im typischen Baustil der Zeit mit einem flachgeneigten Satteldach errichtet. Sein Dachgeschoss wurde lange Zeit lediglich als Abstellraum und Trockenboden genutzt. Doch dann wurde zusätzliche Wohn- und Arbeitsfläche benötigt und so entschloss man sich, zu diesem Zweck den Dachraum aufzuwerten.

Innenarchitektur

Die relativ flache Dachneigung von 28° bedingt, dass ein großer Teil der 124 m² großen Grundfläche im Bereich der Dachschrägen liegt. Bei einer Aufteilung in kleinere Räume hätte dies unter Umständen zu einem einengenden Raumgefühl geführt. Die Düsseldorfer Innenarchitektin Iris Preller entschied sich daher in ihrem Entwurf für eine Einraumlösung mit Raumteilern: beweglich eingestellt als markant-grüner Falt-Paravent, variabel ausgebildet als Schiebeelemente mit Buchenholz-Oberflächen und schließlich fixiert als Regalumbauung des bestehenden Kaminzuges. So entstanden verschiedene Raumzonen, die sich einerseits optisch voneinander trennen lassen, andererseits aber Durchblicke und Durchgänge ermöglichen und loftartigen Charakter vermitteln.

Der Wohnraum

Nahezu das gesamte Dachgeschoss fungiert heute als Wohnraum. Von diesem wurde lediglich mit dem grünen Faltparavent eine Arbeitsecke abgetrennt – den momentanen Bedürfnissen der Bewohner entsprechend, aber jederzeit umnutzbar. Ebenso lässt sich der Arbeitsbereich im Bedarfsfall vorübergehend vergrößern oder reduzieren. Der Nachteil dieser Lösung ist gegebenenfalls der nicht vorhandene Schallschutz zwischen Wohn- und Arbeitsbereich.

Materialien

Das hölzerne Dachtragwerk wurde teilweise sichtbar belassen und gibt in gleichmäßigem Rhythmus und in Verbindung mit dem kleinteiligen Parkett aus gedämpfter, geölter Buche

Der Arbeitsbereich wurde in den Wohnraum integriert und mit einem Paravent optisch abgetrennt.

Das Wichtigste in Kürze

Entwurf: Iris Preller,
Dipl.-Innenarchitektin AKNW,
Vinckestr. 23, D-40470 Düsseldorf
info@iris.preller.de
www.iris-preller.de

Wohnfläche des Dachgeschosses: ca. 70 m^2

Umbaukosten: ca. 50 000 €

Fotografien: Friedhelm Thomas, Krefeld

dem Raum „Ruhe“ und „Wärme“. Im Kontrast hierzu stehen die bunten Farben der Sofas sowie das Grün des Paravents. Sachlich weiß wurde hingegen der Arbeitsbereich mit einer sechs Meter langen, über Eck greifenden Arbeits- und Ablagefläche gehalten.

Möblierung

Der loftartige Charakter des Raumes wird unterstützt durch unterschiedlich hohe Regale und Schränke, die in die Gesamtarchitektur integriert wurden und somit den Raum frei von optisch drückendem, eingestelltem Mobiliar belassen. Neben den erwähnten offenen Regalen um den Kaminzug und weiteren im Drempelbereich bieten Einbauschränke reichlich Stauraum. Passend zur weißen Wand- und Deckenoberfläche wurden die Einbaumöbel seidenmatt-weiß lackiert und verschmelzen somit noch weiter mit der Architektur.

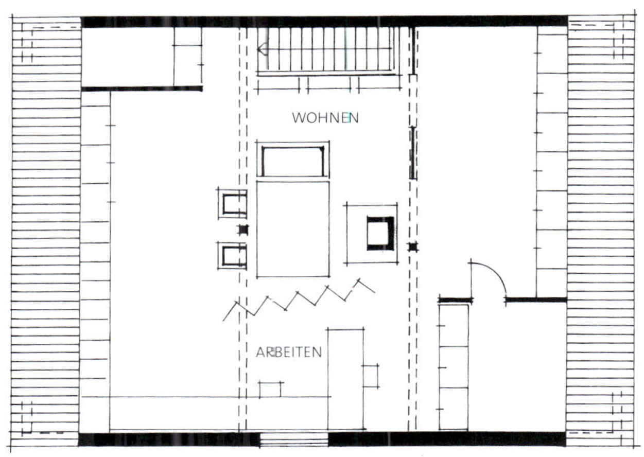

Architektur: Note 1

Wohl die meisten Menschen sind froh, wenn sie die Schule hinter sich lassen können. Drei Architekten aus Essen hingegen freuen sich jedes Mal, in ihre Schule zurückzukehren – denn sie haben das alte Gebäude gekauft und zu einem großzügigen Wohnhaus umgebaut.

Rechts: Die großzügige, lichtdurchflutete Wohnküche in der östlichen Haushälfte.

Eine scheinbar lose eingestellte Leichtbauwand mit raumhohen Schiebetüren auf beiden Seiten unterteilt den ehemaligen Klassenraum in Schlaf- und Wohnzimmer.

Die durchgängige Fensterfront blieb erhalten; im Hintergrund der Wohnraum.

Historie des Hauses

Die ehemalige Schule wurde 1870 und 1894 in zwei gleichartigen Abschnitten als zeittypischer Ziegelbau errichtet. Im Erdgeschoss beherbergte der zweigeschossige Satteldachbau in jeder Hälfte ein großes Klassenzimmer, darüber befand sich im älteren, westlichen Teil die Lehrerwohnung, im östlichen ein weiteres Klassenzimmer. Zur Erschließung dieses Unterrichtsraumes entstand eine repräsentative zweiläufige Holztreppe. In den 1970er Jahren wurde das Gebäude zum Gästehaus des Museums Folkwang umgenutzt und bot von nun an zahlreichen Künstlern Raum zum Leben und Arbeiten. Neben vielen anderen hielten sich hier etwa Alfred Hrdlicka und Peer Kirkeby auf. Von letzterem finden sich noch heute drei Skulpturen im Garten des Hauses.

Heutige Innenarchitektur

Nach knapp drei Jahrzehnten Nutzung als Künstlergästehaus trennte sich die Stadt Essen von der denkmalgeschützten, stark sanierungsbedürftigen alten Schule. Die Architekten Frank Ahlbrecht und Ricarda Laber sowie der Innenarchitekt Ekkehard Schröer erwarben das Haus und sanierten es mit viel Gespür für seine Geschichte. Das äußere Erscheinungsbild wurde beibehalten, im Inneren wurden die ursprünglichen, in den 1960er Jahren mit PVC überklebten Fliesen- und Holzböden aufwendig freigelegt und restauriert. Moderne Einbauten wurden in Material und Farbigkeit als solche kenntlich gemacht und sind reversibel. Heute lässt das Gebäude wieder seine ehemalige Struktur erkennen und bietet drei unterschiedliche, jeweils großzügig gestaltete Wohnungen: im westlichen Ursprungsbau befindet sich im Erdgeschoss die Wohnung des ehemaligen Museumskurators, im Obergeschoss dieses Teiles wurde die ehemalige Lehrerwohnung durch eine Erweiterung in das Dachgeschoss ergänzt und bildet die zweite Wohnung. Die dritte Wohnung umfasst die gesamte östliche Hälfte aus dem Jahre 1894.

Die Wohnräume

Auf den Fotos sind die Wohnräume der beiden letztgenannten Wohnungen dargestellt: in der ehemaligen Lehrerwohnung wurden zwei kleinere Räume zu einem großen „Lebensraum" verbunden. Die eine Hälfte nimmt dabei der Wohnbereich ein, die andere eine Art Essküche. Auch in der östlichen Haushälfte steht eine Essküche zur Verfügung. Sie umfasst zur Zeit das halbe ehemalige Klassenzimmer im Erdgeschoss. Die andere Hälfte wurde vorerst der Wohnung des früheren Kurators zugeschlagen, im Falle von dessen Auszug wird hier in Verbindung mit der heutigen Essküche der Hauptwohnraum entstehen. Doch bereits heute bietet

Die historische Substanz des Gebäudes wurde sensibel aufgearbeitet, die wenigen modernen Zutaten geben sich als solche zu erkennen, hier am Durchgang vom Treppenhaus zur Wohnküche.

Oben: Schlichte, moderne Einbauschränke fügen sich ins historische Bild der westlichen Wohnung im Obergeschoss ein. Unten: Die Treppe ins Dachgeschoss der Wohnung.

In der ehemaligen Lehrerwohnung wurden zwei kleinere Räume zu einem großen „Lebensraum" verbunden. Die Küche wurde als massiver Block eingestellt.

die Wohnung einen ansehnlichen Wohnraum: der Klassenraum im Obergeschoss wurde durch eine scheinbar lose eingestellte Leichtbauwand in Schlaf- und Wohnzimmer unterteilt. Zwei raumhohe Schiebetüren trennen beide Räume, machen aber im geöffneten Zustand den ursprünglichen Raum in ganzer Ausdehnung erlebbar.

Materialien

Zeitlos harmonisch sind die freigelegten Holzböden der Wohnräume: in den Klassenzimmern sechs Meter lange Pitch-Pine-Dielen und in der Lehrerwohnung und den Dachgeschossen Dielen aus Fichte. Die alten Wände wurden weiß gestrichen, neu eingefügte Trennwände farbig hervorgehoben. Die zum Teil vorgefundenen Kunststofffenster wurden gegen denkmalgerechte Holzfenster mit Sprossenteilung gemäß dem historischen Vorbild erneuert. Gleiches gilt für die Eingangstür zum östlichen Teil der Schule.

Besonderheiten des Entwurfs

Indem bei dem Umbau so viel alte Substanz wie möglich erhalten oder freigelegt wurde, konnten die Großzügigkeit der Räume und die Geschichte des Gebäudes erlebbar gemacht werden. Neue Einbauten kontrastieren durch die Wahl moderner, aber zurückhaltender Materialien, Formen und Farben. Dadurch entstand eine außergewöhnliche Raum- und Wohnqualität mit loftartigem Charakter einerseits und privaten Rückzugsmöglichkeiten andererseits. Die idyllische Umgebung, der große sich nach Süd-Osten orientierende gemeinsam genutzte Garten und der Schulhof an der Eingangsseite tragen darüber hinaus zum besonderen Charme des neuen alten Wohnhauses bei.

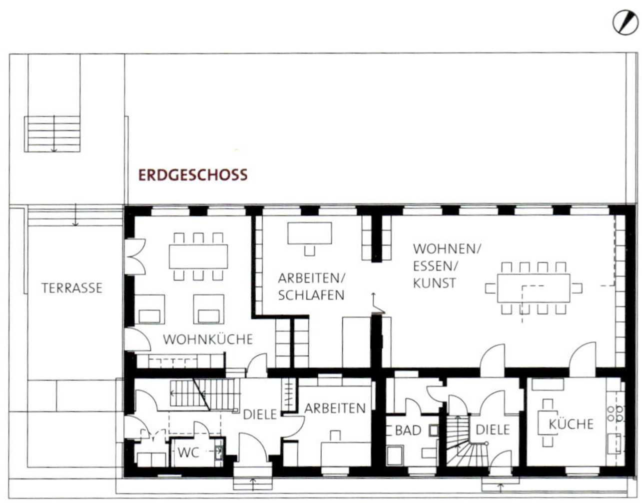

Der Wohnbereich bietet ein geschmackvolles Potpourri diverser Möbel und Kunstwerke.

LAGEPLAN

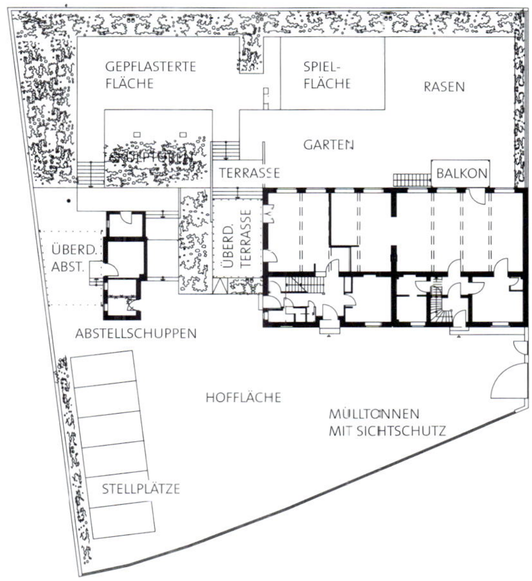

SCHNITT

Das Wichtigste in Kürze

Entwurf: Dipl.-Ing. Frank Ahlbrecht, Architekt BDA + RAIV, Ruhrtalstraße 71 b, D-45239 Essen
webmaster@ahlbrechtbaukunst.de

Wohnfläche des Hauses: ca. 540 m² (237+122+180)

Umbaukosten: ca. 485 000 €

Fotografien: Deimel & Wittmar, Essen (4) / Thomas Drexel, Augsburg / Friedberg (2) / Peter Stockhausen, Essen
www.deimel-wittmar.de, thomas.drexel@t-online.de
www.peter-stockhausen.de

OBERGESCHOSS

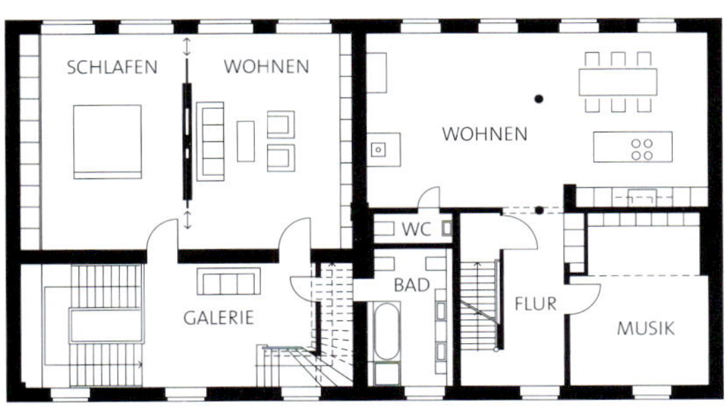

DACHGESCHOSS

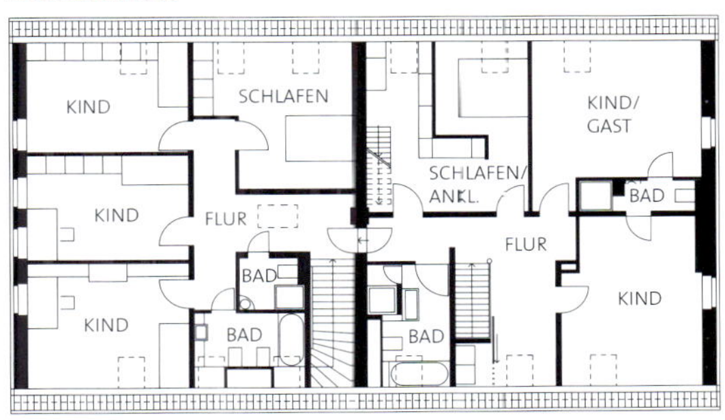

Tradition neu interpretiert

Viele Bauherren versuchen, ihren Neubau künstlich wie einen Altbau aussehen zu lassen – ein unglücklicher Stilpotpourri ist meist die Folge. Einen ästhetischeren Weg der Verbindung von Historie und Moderne ging der Berliner Architekt Norbert Möhring.

Der Entwurf passt sich der traditionellen Architektur des Dorfes neu interpretiert an.

Unter der Galerie befindet sich die Küche mit Zugang zum Garten.

Außenarchitektur des Hauses

Möhring entwarf ein Ensemble aus zwei gegeneinander verschobenen Baukörpern, die sich mit ihren geringen Volumen, ihren spitzen Satteldächern und ihrer rohen Holzverschalung bestens in die umgebende, dörfliche Struktur einfügen und deren Großformen aufnehmen. Zugleich sprechen sie eine eigene, zeitgemäße Sprache, die sie nach außen dezent, im Innenraum aber umso deutlicher artikuliert. Das Baugrundstück im gewachsenen Dorfkern der Boddengemeinde Born (Darß) rief mit Abmessungen von 13,5 mal 55 Meter nach einer besonderen Idee. So nehmen denn auch die beiden Möhring'schen Baukörper mit ungewöhnlichen Ausmaßen die Proportionen des Bauplatzes auf: das Wohnhaus ist bei einer Breite von fünf Metern 18 Meter lang, das Nebengebäude, in dem Lagerräume und eine Sauna untergebracht sind, misst drei auf neun Meter.

Innenarchitektur

Man betritt die Gebäude durch ihren Zwischenraum, der als Windfang und Verbindungsflur dient. Er ist mit einem Glasdach gedeckt und kann über Schiebetüren zum Garten und Vorgarten geöffnet werden, dient somit zugleich als Verbindung zwischen beiden Freiflächen. Die Raumkonzeption des Wohnhauses besteht aus einem offenen Grundriss mit einem zweigeschossigen, bis unters Dach reichenden Wohnraum im Süden und jeweils einem Schlafraum in jedem Geschoss im Norden. Im Erdgeschoss liegt dazwischen ein Nassraumbereich mit offener Küche zum Wohnraum und anschließendem Bad, im Dachgeschoss wurde auf den beiden letztgenannten Räumen eine Galerie angeordnet.

Der Wohnraum

In ganz besonderem Maße ist das Herzstück dieses Hauses der Wohnraum. Mit Galerie nimmt er über die Hälfte des Volumens des Wohnhauses ein, erstreckt sich dabei aber über die Höhe beider Geschosse bis unter das spitze Satteldach und wirkt somit fast schon ein wenig kathedral. Der Raum wurde schlicht und glattflächig auf einem einfachen, langrechteckigen Grundriss gestaltet, wirkt dank des verwendeten Holzes allerdings dennoch äußerst wohnlich und „warm".

Materialien

Auf einem 30 Zentimeter hohen Sichtbetonsockel wurde das Ensemble in Holzrahmenbauweise errichtet und mit einer sägerauhen, senkrecht angebrachten Lärchenholz-Verschalung bekleidet. Auf Stoßfugen zwischen den Fassadenlamellen wurde verzichtet, wodurch ein besonders filigraner, aber monolithischer Charakter erzielt wurde. Zu diesem trägt

Die Treppe wurde als Raumsparkonstruktion ausgeführt.

Den Großteil des Hauses nimmt bis unters Dach der Wohnraum ein; in diesen kragt das Obergeschoss als Galerie.

Die Erschließung des Hauses erfolgt im Zwischenraum zum Nebengebäude.

auch die Oberflächenbündigkeit von Betonsockel, Holzhaut und Fenstern bei. Im Inneren sorgen weiß gestrichene Oberflächen für Helligkeit, während der Fußboden aus ebenso schlichten wie ästhetischen Eichendielen wiederum auf das Material Holz zurückgreift.

Besonderheiten des Entwurfs

Der Architekt schaffte hier einen reizvollen Spagat zwischen regional-traditioneller Bauform und modernem Wohnen. Darüber hinaus überzeugt der Entwurf durch seine Klarheit und Stringenz.

Möblierung

Die Möblierung des zunächst als Zweitwohnsitz genutzten Hauses fiel sparsam aus und lässt somit die großzügige, Hallen-artige Architektur des Wohnraumes voll zur Geltung kommen: vor der Einbauküche mit hellen Oberflächen wurde ein schlichter Esstisch mit Metallgestell und Holzplatte aufgestellt, weiter hinten im Raum lädt eine dunkel bezogene Eckcouch zum Verweilen ein. Ein Sideboard dient als Ablagefläche, die hölzerne Brüstung der Galerie kann als Bücherregal genutzt werden.

Das Wichtigste in Kürze

Entwurf: Möhring Architekten,
Schliemannstraße 16, D-10437 Berlin
mail@moehring-architekten.de

Wohnfläche des Hauses: ca. 92 m²

Baukosten: 103 000 €

Fotografien: Stefan Melchior, Berlin

Der Hof-artige Garten schließt an den Wohnraum an.

DACHGESCHOSS

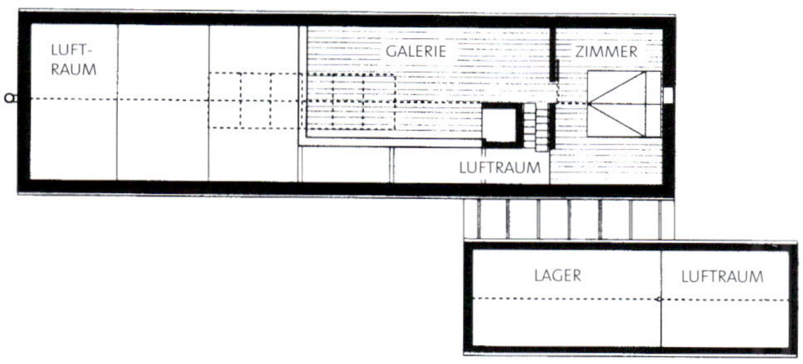

LAGEPLAN

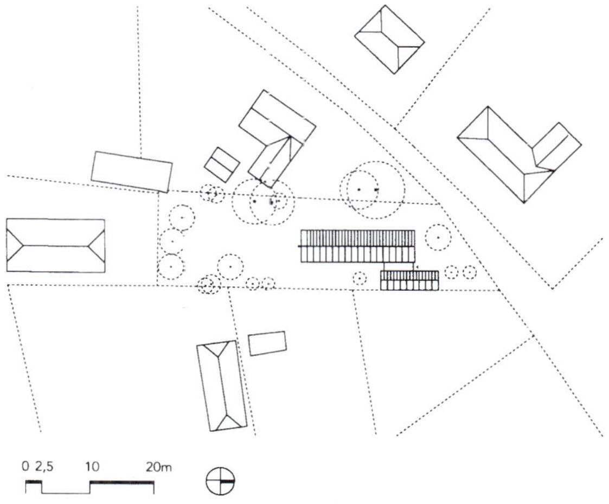

ERDGESCHOSS

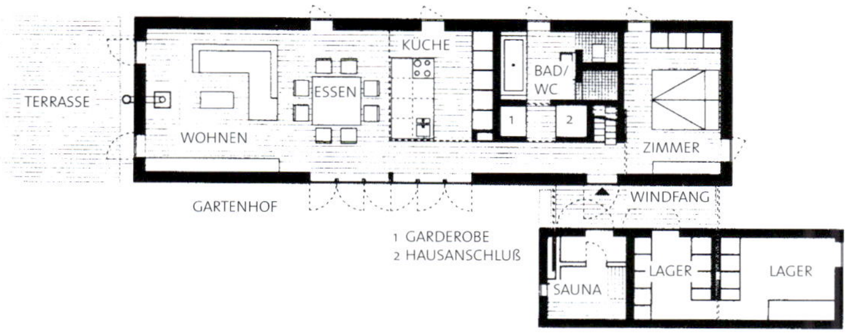

Ein lichtdurchfluteter Bunker

Am Rande einer Einfamilienhaussiedlung aus den 1960er Jahren steht seit einiger Zeit ein rechteckiger, verklinkerter Bau, den die Nachbarn als „Hochbunker" titulieren – wenn sie doch nur um die Qualität der Innenräume wüssten...

Bei Nacht zeigt sich der Wohnraum vom Garten aus in seiner gesamten Ausdehnung; links die überdachte Terrasse, rechts der Essplatz.

Schlicht und puristisch wurde der Wohnraum gestaltet; von der Galerie aus offenbart sich die Höhe des Raumes.

Außenarchitektur des Hauses

Das Haus steht am Ende einer Sackgasse, verborgen hinter einer hohen Hecke, von der Straße aus sind keine Fenster zu erkennen. Es wirkt daher wie ein schlichter, rechteckiger Kubus, verkleidet mit Ziegelsichtmauerwerk, oben abgeschlossen durch ein Flachdach. Nach Betreten des Grundstücks erkennt man das Geheimnis des „fensterlosen" Hauses: auf den von außerhalb sichtbaren, südöstlichen und nordöstlichen Gebäudeseiten gibt es nur wenige Fenster und Türen im Erdgeschoss. Diese sind aufgrund der Hecke nicht zu erkennen. Auf der südwestlichen Gartenseite jedoch wurde der Kubus großflächig ein- und ausgeschnitten: ein haushoher, überdachter Freisitz sowie eine Dachterrasse im Obergeschoss erweitern den Innenraum ins Freie, die Dachterrasse vermittelt das Flair eines Innenhofes. Das gesamte Erdgeschoss öffnet sich neben dem Freisitz über eine Glasfassade zum Garten. Sie wird lediglich durch einen Mauerpfeiler unterbrochen.

Entwürfe wie dieser, mit klar geschnittenen Volumen in harmonischen Proportionen sowie schlichten, großflächig eingesetzten Materialien sind typisch für das Düsseldorfer Architekten-Trio Professor Wolfgang Döring, Michael Dahmen und Elmar Joeressen.

Innenarchitektur

Im Inneren setzt sich das Entwurfskonzept fort. Eine einläufige, geländerlose Treppe entlang der Längsmittelwand teilt den Raum: zum südwestlich gelegenen Garten der repräsentative Wohnbereich, auf der anderen Seite des Hauses die Schlaf-, Arbeits- und Nebenräume, verteilt auf zwei Etagen. In der nördlichen Gebäudeecke sahen die Architekten eine separate Wohnung für den halbwüchsigen Sohn vor.

Der Wohnraum

Der Wohnbereich des Hauses setzt sich aus drei Zonen zusammen, die offen ineinander übergehen und dennoch klar definiert sind: ein niedriger Essplatz, der zweigeschossige Wohnraum sowie der bereits erwähnte überdachte Freisitz, der über eine zweigeschossige, raumbreite Glasfassade optisch an den Wohnraum angeschlossen wurde. Für die Küche in der südöstlichen Gebäudeecke wurde eine besonders intelligente Lösung gewählt, die die Entwurfsmuster der klassischen, abgeschlossenen Küche und der modernen, offenen Küche verbindet. Sie lässt sich über eine zweiflügelige Schiebetüre ganz nach individuellem Wunsch offen an den Essplatz anschließen oder bei Bedarf von diesem abtrennen.

Die langgestreckte Glasfassade verbindet Innen- und Außenraum.

Materialien

Die wenigen gewählten Materialien passen zum ruhigen, harmonischen Bild: außen der buntrote Klinker in Verbindung mit dunkelgrau einbrennlackierten Aluminiumfensterrahmen. Innen weißer Gipsputz und Eichenparkett. Alle Materialien wurden großflächig eingesetzt und unterstreichen so den puristisch-eleganten Charakter.

Besonderheiten des Entwurfs

Details, meist aus der Funktion heraus entwickelt, vervollkommnen den Entwurf, geben ihm Eleganz oder wecken Interesse: der kanzelartig in den Wohnraum ragende Vorsprung des Ganges im Obergeschoss etwa. Die Unterteilung der raumhohen Glasfassade zwischen Wohnraum und Freisitz oder die über mehr als zehn Meter rahmenlos durchlaufende Glasfassade zum Garten. Und nicht zuletzt das niedrige Fenster am Essplatz, das in der Vertikalen so angeordnet wurde, dass es im Sitzen einen schmalen Ausblick freigibt.

Möblierung

Passend zum Entwurf des Hauses, wählten die Bauherren die wenigen Möbelstücke, die sich auf Sitzgelegenheiten beschränken und somit den Raum als solchen uneingeschränkt zur Geltung kommen lassen. Zentral steht eine klassische LeCorbusier-Sitzgruppe mit niedrigem Glastisch. Einen Kontrast dazu bilden zwei moderne Lehnsessel vor dem Fernsehgerät sowie ein Massivholztisch mit Schwingstühlen am Essplatz.

Das Wichtigste in Kürze

Entwurf: Döring Dahmen Joeressen Architekten,
Hansaallee 321, D-40549 Düsseldorf
info@ddj.de, www.ddj.de

Wohnfläche des Hauses: ca. 220 m^2

Baukosten: k. A.

Fotografien: Manos Meisen, Düsseldorf
www.manosmeisen.de

Eine Treppe ist eine Treppe – nichts weiter!

Die Eingangsfassade öffnet sich nur im Erdgeschoss über zwei Türen und zwei Fenster.

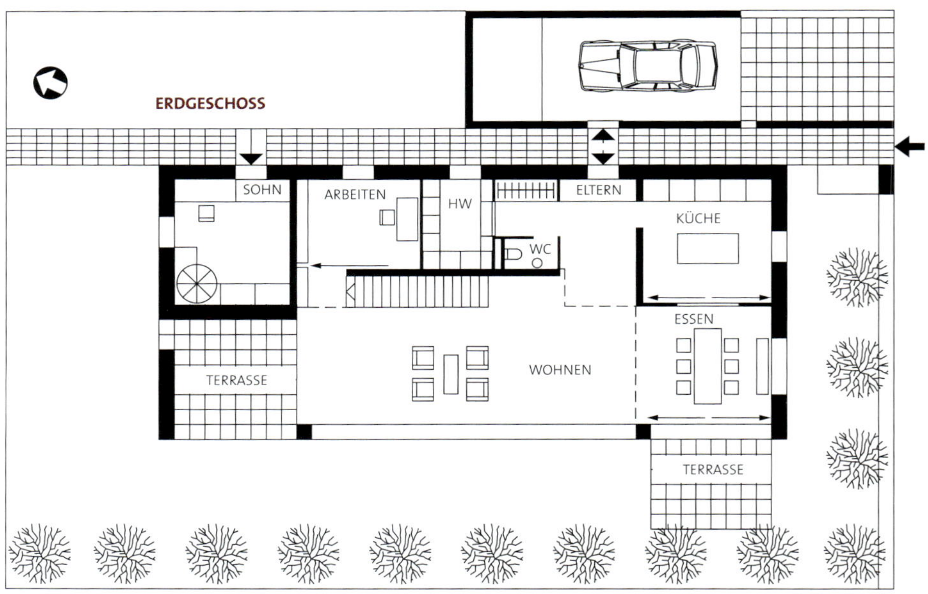

Die Terrasse führt die Höhe des Wohnraumes fort.

OBERGESCHOSS

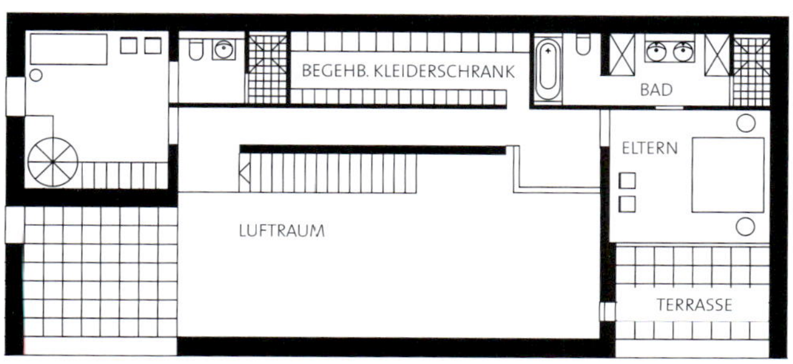

Ein klarer Kontrast: die kleinteilige, geschlossene Ziegelfläche über der glatten Glasfassade.

Ein offener Kamin sorgt für wohlige Atmosphäre in den Übergangszeiten. Auf Brüstungshöhe der Fenster schließt der Garten an.

Ein Aquarium unter der Erde

Einst galten Souterrain-Wohnungen als minderwertig, hier wohnte, wer sich nichts Besseres leisten konnte. Architektin Anna Philipp grub einen modernen, verglasten Wohnraum halb in die Erde und trat damit den Beweis an, dass diese Anordnung von ganz besonderem Reiz sein kann.

Außenarchitektur des Hauses

Oberstes Planungsziel der Bauherren war, neben einem großzügigen Raumangebot, der für die Nachbarn uneinsehbare Lebensraum für die vierköpfige Familie, der nach Süden den Blick in die Landschaft ermöglichen sollte. Die Lösung der Architektin ist ein Atriumhaus, dessen fließend ineinander übergehenden Räume sich zu einer großen Terrasse hin öffnen. Zur Straße hin und seitlich gibt es sich weitgehend verschlossen.

Innenarchitektur

Das Haus überrascht seine Besucher mit spannenden, unerwarteten Raumerlebnissen: so schaffen unterschiedliche Raumhöhen Spannung und markieren beispielsweise den Übergang vom Ess- zum Wohnbereich. Treppen und bewusst gesetzte Engpässe schaffen als Zäsuren zum einen Intimität zwischen verschiedenen Lebensräumen, zum anderen verbinden sie die versetzten Wohnebenen, die sich durch die Hanglage ergaben.

Der Wohnraum

Der Wohnbereich des Hauses teilt sich in zwei Zonen: einen großen Essraum im Erdgeschoss, mit bodentiefer Glasfassade zum Innenhof sowie den Wohnraum, der ein paar Stufen tiefer zu etwa einem Drittel in die Erde gegraben ist. Diese Anordnung ergab sich aus dem Wunsch, vom Erdgeschoss mit Innenhof aus freien Blick über die Landschaft genießen zu können.

Eine rustikale Massivholztafel dominiert den Essraum, dieser öffnet sich zum Atrium sowie zur umliegenden Landschaft.

Der oberirdische Teil der Außenfassade des Wohnraumes ist komplett verglast, so dass man das Gefühl bekommt, mitten im Grünen zu sitzen. Ein offener Kamin mit Sitzbank sorgt für wohlige Atmosphäre an kühlen Tagen.

Materialien

Fast glaubte man ihn ausgestorben, bei keinem anderen Projekt in diesem Buch findet er sich noch: der einst so beliebte Teppichboden. Hier fand er im Wohnraum Verwendung, wurde als monochrom-flächiger Bodenbelag verlegt. Für das Esszimmer wählten Architektin und Bauherren hingegen rechteckig-doppelquadratische Natursteinplatten, die im Verband verlegt wurden. Ihr Glanz und ihre leichte Marmorierung sorgen für nobles Flair. Während im Erdgeschoss Fenster mit Holzrahmen verbaut wurden, kamen im Souterrain kühler wirkende Aluminium-Profile zum Einsatz. Aufgrund der unterschiedlichen Böden und Fenster unterscheiden sich Ess- und Wohnraum deutlich in ihrer Anmutung, erzeugen gänzlich unterschiedliche Atmosphären innerhalb desselben Hauses und bieten somit Abwechslung.

Möblierung

Besonders erwähnenswert ist der rustikale, tafelartige Massivholztisch im Esszimmer, der in spannendem Kontrast zum Bodenbelag steht.

Das Wichtigste in Kürze

Entwurf: Philipp Architekten GmbH,
Anna Philipp, freie Architektin,
Wittighäuser Steige 2, D-74547 Untermünkheim
office@philipp-architekten.de
www.philipp-architekten.de

Wohnfläche des Hauses: ca. 300 m²

Baukosten: ca. 400 000 €

Fotografien: Oliver Schuster, Stuttgart
mail@schustervisuell.de

Der Kamin wird von einer Sitzbank sowie einem schmalen Oberlicht gerahmt.

Vollflächig verglast, öffnet sich der Wohnraum zur Landschaft.

UNTERGESCHOSS

ERDGESCHOSS

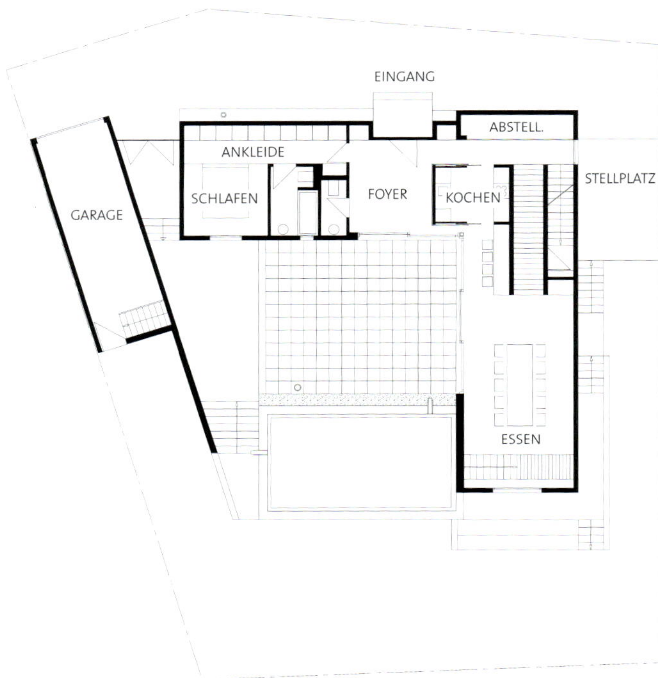

Der Terrassen-artige Innenhof bietet Intimität und Weitblick.

DACHGESCHOSS

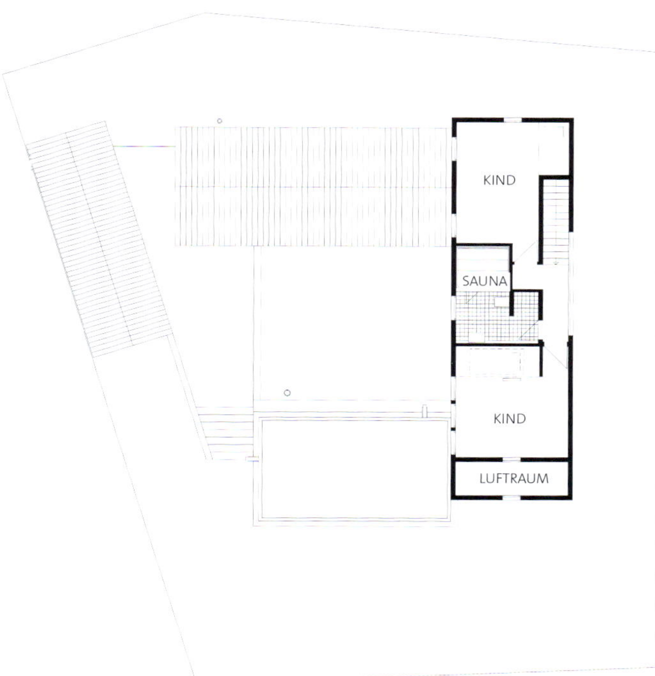

SCHNITT A

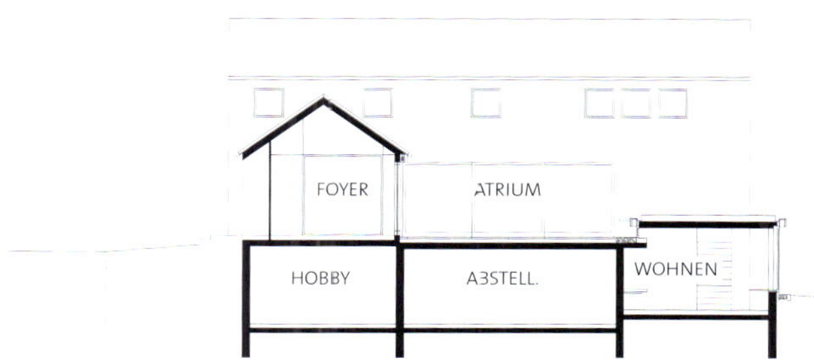

SCHNITT B

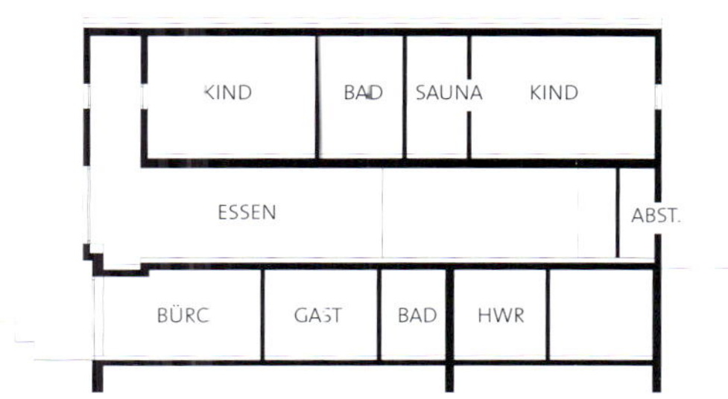

Die Häuser werden über Stege erschlossen.

Wohnen in der Garage

Die Kraftfahrzeughalle einer alten Kaserne, sieben Jahrzehnte alt, 112 Meter lang, dazu Investoren, die hier Wohnraum schaffen möchten – man ahnt zu wissen, was geschieht: die Halle wird abgerissen, die frei gewordene Fläche mit Wohnblöcken oder Reihenhäusern neu bebaut – nicht immer!

Außenarchitektur des Hauses

Einen anderen Weg gingen Architekt Frank Ahlbrecht und die „Baugemeinschaft KFZ-Halle e.V." in Mühlheim an der Ruhr. Ihr Ziel war es, Bausubstanz und äußere Erscheinung soweit wie möglich zu erhalten und den Charakter des Gebäudes erlebbar zu belassen, ja sogar hieraus eine ganz besondere architektonische Qualität zu schöpfen. Einst Bestandteil der Kasernenanlage Wrexham Barracks, gliedert sich der Komplex in einen zweigeschossigen Hallenbereich, im Westen und Osten mit Abstand flankiert von zwei Kopfbauten an den Schmalseiten. Verbunden werden die drei Gebäude durch einen vorgelagerten eingeschossigen Riegel. Nach Ahlbrechts Entwurf, der als Sieger aus einem offenen Investoren- und Architektenwettbewerb hervorging, wurden in den Kopfbauten und den östlichen und westlichen Teilen des vorgelagerten Riegels eingeschossige Wohnungen angeordnet. Im Bereich der Halle mit dem zugehörigen Teil des Riegels wurde die Schotten-artige Bauweise aufgegriffen und anstelle der ehemals elf KFZ-Plätze finden sich hier nun elf zweigeschossige Wohneinheiten – baurechtlich Wohnungen, bautypologisch aber mit Reihenhäusern vergleichbar.

Innenarchitektur und Wohnraum

Im eingeschossigen vorderen Bereich fand jeweils ein Schlafraum mit Bad sowie ein Garderobenraum Platz, im zweigeschossigen Gebäudeteil ein Wohn-Essraum mit offener Kochzeile im Erdgeschoss sowie weitere Schlafräume mit Bad im Obergeschoss. Mit 22 Metern Länge im Erdgeschoss bei lediglich 4,60 Metern Innenbreite gerieten die Abmessungen der einzelnen Wohneinheiten äußerst ungewöhnlich.

Große Fenster belichten die Räume.

Dennoch schaffte es Ahlbrecht, keine „Schlauchwirkung" entstehen zu lassen, sondern ein Gefühl der Großzügigkeit. Hierzu trägt neben einem Lichtband über der Kochzeile das galerieartige ineinander Übergreifen beider Geschosse bei. Je nach individueller Ausgestaltung des Grundkonzeptes nach Wünschen der einzelnen Bauherren ergab sich somit eine Lichtführung und ein Raumgefühl, die eine beinahe sakrale Wirkung erzeugen. Je nach individuellem Wunsch der einzelnen Bauherren wurde das Obergeschoss mehr oder weniger zum Wohnraum hin als Luftraum geöffnet.

Besonderheiten des Entwurfs

Der Entwurf zeigt auf faszinierende Weise, welche Möglichkeiten der Umnutzung auch scheinbar nicht umnutzbare Gebäude bieten. Statt banalen Neubau-Reihenhäusern entstanden so – dank der Ideen und des Engagements des Architekten – originelle Einfamilienhäuser von hohem Wohnwert, der insbesondere in den Wohnräumen zum Tragen kommt. Die Baukosten fielen dabei nicht höher aus als bei gleichwertigen Neubauten.

Möblierung

Die Fotos auf diesen Seiten zeigen zwei der elf Reihenhäuser und demonstrieren, welchen Einfluss unterschiedliche Möblierungen auf Räume haben können. Dies gilt insbesondere für per se neutral gestaltete Räume.

Das Wichtigste in Kürze

Entwurf: Dipl.-Ing. Frank Ahlbrecht, Architekt BDA + RAIV,
Ruhrtalstraße 71 b, D-45239 Essen
webmaster@ahlbrechtbaukunst.de

Wohnfläche der Häuser: je ca. 140-150 m²

Baukosten: ca. 150 000 €/Einheit

Fotografien: Deimel & Wittmar, Essen
www.deimel-wittmar.de

Trotz ihrer geringen Breite wirken die Räume äußerst großzügig.

OBERGESCHOSS

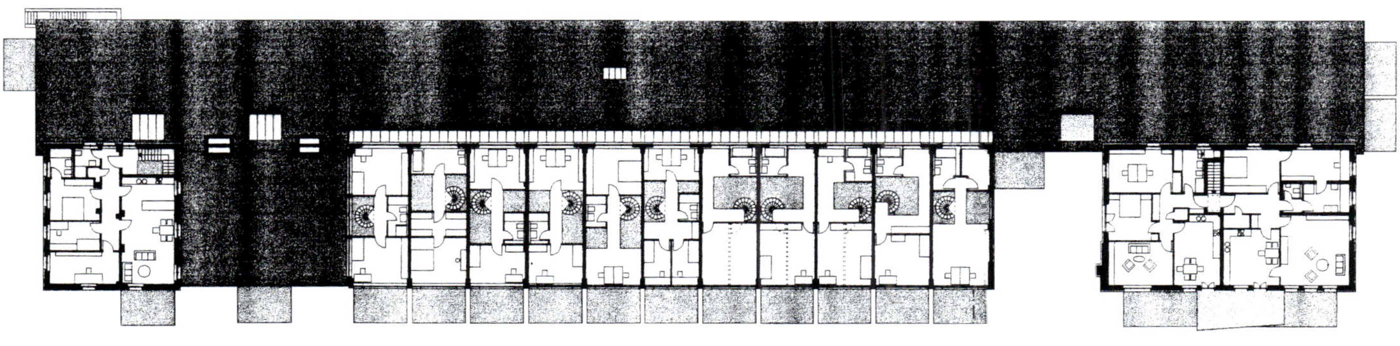

ERDGESCHOSS

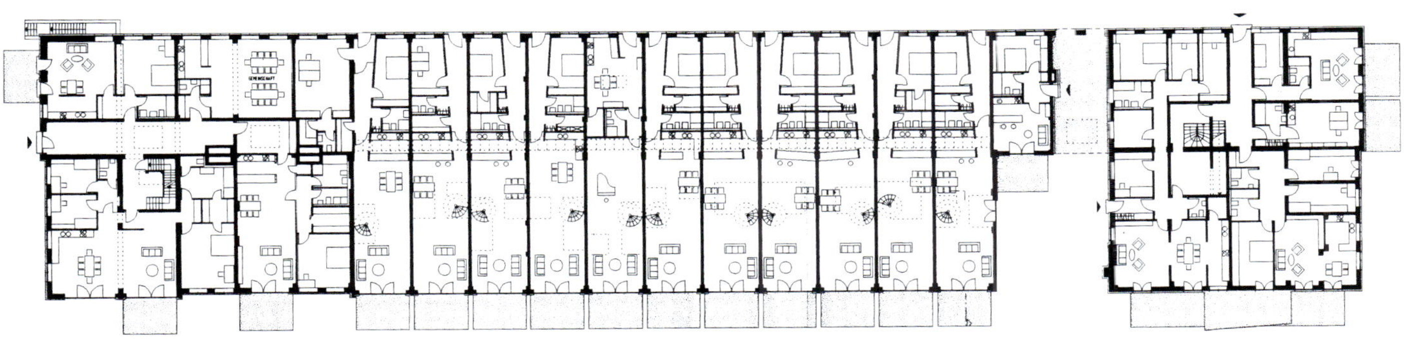

Das Haus des Architekten

Auch vermeintlich „konventionelle" Räume können durch ein paar durchdachte Details ein außergewöhnliches Ambiente erhalten. Wie das geht, zeigt der Dülmener Architekt Dirk B. Austermann anhand seines eigenen Wohnhauses.

Wenige, schlichte, aber aufeinander abgestimmte Möbel und Accessoires prägen das Bild.

Wohn- und Essbereich gehen ineinander über, dennoch ist eine eindeutige Zonierung erkennbar.

Der Wohnraum bietet einen Zugang zur Terrasse.

Außenarchitektur des Hauses

Dezent auffällig steht das Einfamilienhaus in einem Dülmener Wohngebiet. Zwischen mit Ziegel verblendeten Satteldachhäusern sticht es ausgerechnet als schlichtestes Gebäude hervor: ein dunkelgrau gestrichener Kubus auf quadratischer Grundfläche mit klar eingeschnittenen Holzfenstern, die zur Straße hin langgestreckt und niedrig liegen, während sie eine Etage höher schmal und geschosshoch stehen. Einziger Farbtupfer ist eine giftgrüne Wandscheibe, die neben der Eingangstür aus dem Gebäude zu schießen scheint. Der rückwärtige Garten wird durch eine umlaufende, mannshohe Mauer hofartig gefasst. Hier öffnet sich der Wohnraum im Erdgeschoss über eine bodentiefe Glasfassade, davor steht eine Terrasse zur Verfügung.

Innenarchitektur

Im Inneren folgt der Entwurf dem bewährten Prinzip „unten wohnen, oben schlafen": dreiviertel des Erdgeschosses nimmt der Wohn-Essraum mit halboffener Küche ein, daneben stehen ein Hauswirtschaftsraum und ein Bad zur Verfügung. Markant ragt der kreisrunde, im Inneren wiederum giftgrün gestrichene Treppenturm ein Stück weit in den Eingangsbereich.

Der Wohnraum

Wohnbereich, Essplatz und Küche gehen im Winkel offen ineinander über, dennoch sind eindeutig definierte Zonen erkennbar. So wurde die Seitenwand des Essplatzes etwa einen Meter als Wandvorsprung weitergeführt und trennt somit die Wohnecke ab. Diese gibt sich aufgrund der großen Glasfassade hell und offen. Innen und Außen gehen ineinander über, wodurch dieser Schenkel des Gesamtraumes größer wirkt als er ist. Eher introvertiert wirkt der Essplatz. Von diesem wurde die Küche optisch durch einen eingestellten, nicht ganz raumhohen Block abgeteilt. Dieser Block nimmt küchenseitig Backofen und Kühlschrank sowie Stauräume auf und wurde zum Essplatz hin mit einer Leichtbauwand ummantelt, die in dem bereits mehrfach erwähnten Giftgrün gestrichen wurde. Dieses findet sich als durchgängiges Stilelement auch in einer kleinen Skulpturen-Nische des Mauervorsprungs zwischen Wohnbereich und Essplatz.

Vor dem Wohnraum steht eine freie Terrasse zur Verfügung.

Ein skulpturaler Raumteiler trennt die Küche vom Essplatz; er nimmt Geräte und Schränke auf.

Markantes i-Tüpfelchen des Hauses ist der runde Treppenturm – farblich auf den Wohnraum abgestimmt.

Materialien

Abgesehen von den grünen Akzenten, wurden die verputzten Wände und Decken weiß gestrichen. Der Fußboden wurde mit Merbau-Fertigparkett belegt. Diese Reduktion auf zwei Oberflächenmaterialien in drei Farben lässt den Raum schlicht und gewollt „kühl", dadurch aber auch frei und großzügig erscheinen.

Besonderheiten des Entwurfs

Mit wenigen, einfachen Mitteln erzeugt Architekt Austermann einen schlichten Raum, in dem man sich wohlfühlen kann: die Reduktion auf wenige Materialien und Farben, die mit zurückhaltend eingesetztem grellen Grün bewusst akzentuiert werden; leichte Veränderungen am ohnehin Vorhandenen, wie die Wandfortführung mit Skulpturennische; durchdachte Anordnung des ohnehin Notwendigen, etwa der Fenster. Punkte, die zeigen, dass sich qualitätvolle Planung durch einen Architekten oder Innenarchitekten lohnen kann, und dabei die Ausführung nicht einmal nennenswert teurer sein muss als das bei banalen Entwürfen der Fall wäre.

Möblierung

Für die Wohnecke wurden klassische Würfelsessel mit anthrazit-farbenem Filzbezug gewählt. Am großen Esstisch stehen Stühle aus den 1970er Jahren mit Edelstahlunterbau und Kunststoffsitzschale zur Verfügung. Die glatten Oberflächen der Küche wurden unterhalb der Arbeitsplatte schwarz lackiert, die des hohen Möbels im Raumteiler in Edelstahl gehalten.

Das Wichtigste in Kürze

Entwurf: Dipl.-Ing. Architekt Dirk B. Austermann,
Schützenstraße 5, D-48249 Dülmen
info@architekt-austermann.de, www.architekt-austermann.de

Wohnfläche des Hauses: ca. 150 m²

Wohnfläche des Wohn-Essraumes: ca. 46 m²

Baukosten: ca. 169 000 €

Fotografien: Teamfoto Marquardt, Lüdinghausen
www.teamfoto.com

Als klar geschnittener Quader gibt sich das Haus zur Straße, eine farblich zum Konzept passende Wandscheibe markiert den Eingang.

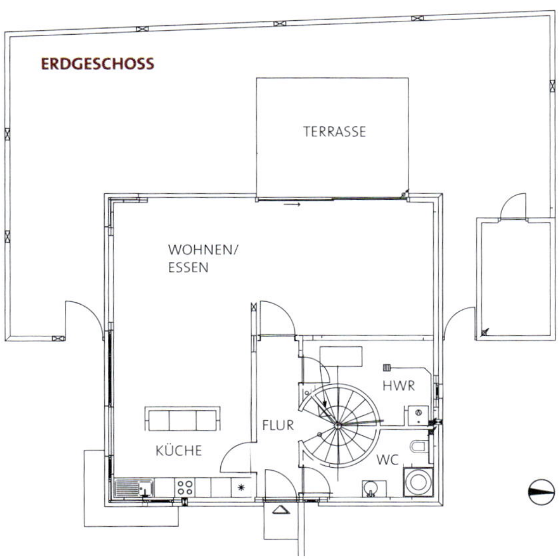

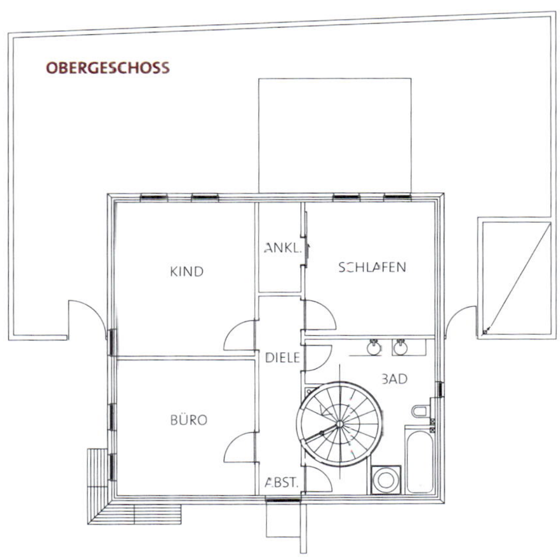

Symbiose von Raum und Mobiliar

Eigentlich plante die Familie den Dachausbau ihres alten Hauses. Doch dann kaufte sie statt dessen ein verwohntes Reihenhaus in unmittelbarer Nachbarschaft und beauftragte Ekkehard Schröer mit der Totalsanierung.

Der Wohn-Essraum gibt sich heute als durchgängig gestaltete Einheit.

Besonders bemerkenswert sind die Schröer'schen Möbel, die zum Bestandteil der Architektur wurden. Der zentrale Schrank ist von drei Seiten aus zugänglich: vom Wohn-/Essraum ...

Außenarchitektur des Hauses

Essen-Stadtwald ist ein gewachsenes Wohngebiet aus den 1920er Jahren. Alter Baumbestand durchzieht die Gegend, freistehende Einfamilienhäuser und Reihenhäuser säumen die kleinen Straßen – ein beliebtes Viertel bei Familien mit Kindern. Die Bauherren des hier vorgestellten Reihenmittelhauses wohnten bereits in dieser Gegend. Ihr ehemaliges Domizil wollten sie durch einen Ausbau des Dachgeschosses erweitern, dies scheiterte jedoch immer wieder an organisatorischen Umständen. Da entdeckten sie durch Zufall dieses Haus von 1925. Es wurde noch vom Erstbesitzer bewohnt, als es in entsprechend verbrauchtem Zustand zum Verkauf stand. Kurz entschlossen griff die Familie zu, trennte sich von ihrem alten Zuhause und beauftragte den Essener Innenarchitekten Ekkehard Schröer mit der Totalsanierung des Reihenhauses. Inbegriffen war auch hier der Ausbau des Dachgeschosses.

Innenarchitektur

Klare Strukturen, Reduktion auf das Wesentliche, kein „Schnick-Schnack" waren die gestalterischen Wünsche der Bauherren, Praktikabilität, Benutzerfreundlichkeit sowie unempfindliche Oberflächen die funktionalen. All diese Wünsche wurden bei der Neugestaltung der Innenräume umgesetzt. Nicht nur die Räume wurden neu geplant, auch ihre Ausstattung, die heute größtenteils in aufeinander abgestimmtem Einbaumobiliar besteht.

Der Wohnraum

Etwa zwei Drittel des Erdgeschosses nimmt heute der Wohn-Essraum ein. Der Raum ist nicht groß, wirkt aber dank der integrierten Möbel einladend und großzügig. Die straßenseitige Hälfte bietet eine Sitzgruppe am Kamin, zum Garten öffnet sich der Essplatz über bodentiefe Fenster. Zwischen Wohn- und Essbereich zoniert eine Einschnürung durch den Kamin und einen dreiseitig zugänglichen Schrank den Raum. Zur Küche hin wurde ein breiter Wanddurchbruch angelegt. Im Unterschied zu heute oft gewählten offenen Küchen ermöglicht die Öffnung hier keinen Durchgang, sondern dient nur als Durchreiche über einem Buffet.

Materialien

Wände und Decken wurden weiß gestrichen, der Fußboden mit farblich leicht changierendem Eicheparkett belegt. Für den Eingangsbereich kam anthrazitfarbenes Feinsteinzeug zum

Das Wichtigste in Kürze

Entwurf:
Innenarchitektur Möbeldesign,
Dipl.-Ing. Ekkehard Schröer,
Cäcilienstr. 6 a, D-45130 Essen
info@ekkehardschroeer.de

Wohnfläche des Hauses (ohne DG):
ca. 140 m²

Fläche des Wohnraumes: ca. 41 m²

Baukosten: ca. 243 500 €
(Umbaukosten inkl. Dachausbau)

Fotografien: Peter Stockhausen, Essen
www.peter-stockhausen.de

... sowie vom Eingangsbereich aus.

Unkonventionell und präzise detailliert fielen die Einbaumöbel aus.

Einsatz. Die Einbaumöbel wurden aus kanadischem Ahorn gefertigt. Dank der geringen Anzahl an Materialien erhielt der Raum ein besonders ruhiges, klares Ambiente, was ihm weitere Großzügigkeit verleiht.

Besonderheiten des Entwurfs

Wie oft bei Entwürfen von Innenarchitekten wirkt hier der gesamte Wohn-Essbereich wie „aus einem Guss". Das Mobiliar stellt kein additives, optisch raumschluckendes Element dar, sondern wird zum Bestandteil des Raumes, der dadurch einen besonders prägnanten Charakter erhält.

Möblierung

Zwei Möbel bestimmen den Raum: das erwähnte Buffet zwischen Essplatz und Küche sowie der besonders markante, dreiseitig zugängliche Wohnzimmerschrank am Durchgang zum Flur. Das besondere Merkmal der beiden Ahornholz-Entwürfe sind die ineinander greifenden Türen der glattflächigen Fronten, deren Einschnitte zugleich als Griffe dienen. Neben diesen beiden Einbaumöbeln wurden lediglich noch Sitzmöbel und Tische eingestellt.

Blick vom Essplatz zur Küche und zum Eingangsbereich.

Halboffen schließt die Küche an, über die raumhohe Verglasung der Garten.

ERDGESCHOSS

Erst auf den zweiten Blick bemerkt man den gekonnten Stilmix.

Moderne Rekonstruktion eines 1920er-Jahre Hauses

Bevor das fast acht Jahrzehnte alte Doppelhaus mit modernen Ausbauelementen ausgestattet wurde, renovierten Bauherren und Architekt es zunächst stilecht und erweiterten es gartenseitig.

Außenarchitektur des Hauses

Wie das zuvor dargestellte Reihenhaus steht auch diese Doppelhaushälfte im Essener Stadtteil Stadtwald. Sie wurde 1928 gebaut und vor einigen Jahren von einem Paar erworben, dem seine ohnehin modernisierungsbedürftige Mietwohnung zu klein geworden war. Zum Zeitpunkt des Kaufes war das Haus in einem bemitleidenswerten Zustand. Bauherren und Architekt nutzten dies als Chance: sie fügten gartenseitig einige Meter an, die im Erdgeschoss dem Wohnraum zugute kamen und renovierten und modernisierten das Gebäude stilecht mit hohem Aufwand.

Innenarchitektur

So wurden im Inneren alle neuen Türen den Originalen nachempfunden. Glasfüllungen in den Türen wurden grundsätzlich in Eisblumenglas ausgeführt. Die neuen straßenseitigen Fenster bekamen eine den Originalplänen entsprechende Aufteilung, Treppen und Geländer wurden komplett erhalten und aufgearbeitet. Die Raumaufteilung folgt dem klassischen Muster „unten wohnen, oben schlafen", wobei der rechteckige Wohn-Essraum einen ungewöhnlich großen Anteil des Erdgeschosses einnimmt. Über eine zweiflügelige Schiebetür mit weiß gestrichenen, filigranen Holzrahmen und Eisblumenverglasung lässt sich die Küche zum Essplatz öffnen.

Der Wohnraum

Durch den Anbau entstand im Erdgeschoss ein nahezu quadratischer Raum mit etwa 36 Quadratmetern Wohnfläche. Über eine vierflügelige, bodentiefe Glasfassade mit Schiebeelementen öffnet er sich nahezu auf seiner gesamten Breite zum Garten und dem daran unmittelbar anschließenden Wald. Zwei weitere Fenster in der Stirnwand sorgen für zu-

Die Innentüren wurden den bauzeitlichen Originalen nachempfunden; links der Blick vom Flur in die Küche, rechts von der Küche in den Wohnraum.

sätzliche Belichtung. Somit wirkt der Wohnraum lichtdurchflutet und großzügig, wie man es bei einem Haus dieser Bauart kaum erwarten würde. Ein kompakter Kaminofen sorgt insbesondere während der Übergangszeiten für wohlige Wärme.

Materialien

Wände und Decken wurden mit einem egalisierenden Vlies versehen und weiß gestrichen. Auf dem Fußboden spiegelt sich das einfallende Sonnenlicht in quer orientiertem Eichen-Fertigparkett. Gegenüber Massivparkett hat diese preisgünstige Variante den Vorteil geringeren Arbeitens des Holzes, allerdings den Nachteil einer dünneren Nutzschicht, die nur ein bis zweimal abgeschliffen werden kann. Im Eingangsbereich sowie im Großteil der Küche wurde cremefarbenes, großformatiges Feinsteinzeug verlegt.

Möblierung

Heterogen-harmonisch gibt sich das Mobiliar: der Massivholz-Esstisch mit seinen klassischen Stühlen wurde ebenso aus dem Bestand der Bauherren übernommen wie ein dunkel gestrichener, historischer Geschirrschrank. Im Wohnbereich lädt eine zeitlos-schlichte Sitzgruppe aus Sofa und Sessel zum Verweilen ein. Auch dieser Entwurf von Ekkehard Schröer wurde mit Einbaumöbeln ergänzt, die zum festen Bestandteil des Hauses wurden. Im Unterschied zu den Maßnahmen an der Substanz des Gebäudes, stehen die modernen Einbauten in gewolltem Kontrast zur Architektur. Neben der Küche plante der Innenarchitekt einen Garderobenschrank im Eingangsbereich sowie ein streng gegliedertes Wohnzimmerregal. Die Möbel wurden aus rot und weiß lackierten HPL-Platten hergestellt. Als Nebeneffekt kaschieren sie Wandvorsprünge und andere nicht gewünschte Ungleichmäßigkeiten des Altbaus.

Besonderheiten des Entwurfs

Das Ungewöhnliche der Doppelhaussanierung ist die Verbindung der Rekonstruktion des Ursprungszustandes mit dem kontrastierenden Einfügen moderner Einbaumöbel.

Je nach Wunsch lässt sich die Küche zum Wohnraum öffnen oder von diesem abtrennen.

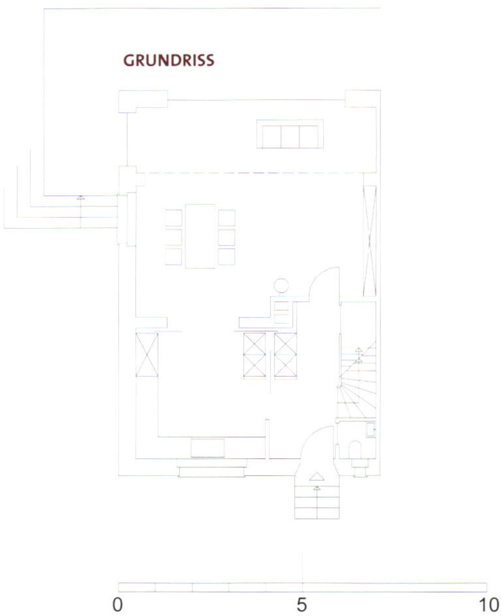

Das Wichtigste in Kürze

Entwurf:
Innenarchitektur Möbeldesign,
Dipl.-Ing. Ekkehard Schröer,
Cäcilienstr. 6 A, D-45130 Essen
info@ekkehardschroeer.de

Wohnfläche des Hauses (ohne DG):
ca. 113 m²

Fläche des Wohnraumes:
ca. 36 m²

Baukosten: ca. 160 000 €

Fotografien: Peter Stockhausen, Essen
www.peter-stockhausen.de

Auch Flur und Bad wurden im Zuge des Umbaus von Ekkehard Schröer neu gestaltet.

Das wenige übernommene Mobiliar fügt sich gut in den grundlegend neu gestalteten Raum ein.

Hell und großzügig

Welchen Einfluss allein das Mobiliar auf das Erscheinungsbild eines Wohnraumes haben kann, zeigt eindrücklich diese Wohnung in Essen-Bredeney.

Außenarchitektur des Hauses/Innenarchitektur
Die Wohnung befindet sich auf den untersten drei Ebenen eines Mehrfamilienhauses aus den 1970er Jahren. Sie nimmt Souterrain, Erdgeschoss und Hochparterre ein.

Der Wohnraum
Der Wohnraum erstreckt sich über die Gesamtbreite des Hauses im Souterrain. Drei Stufen erhöht liegt der Essplatz. Ungewöhnlich sind die zahlreichen Ebenenversprünge sowie die zweiläufige Treppe vom Wohnraum zum Erdgeschoss, die durch einen Kamin und einen Einbauschrank in dessen Fortsetzung unterteilt ist. Die Architektur des Raumes blieb im Rahmen der Neugestaltung weitgehend unangetastet. Lediglich der Fußboden wurde partiell ausgetauscht und der Kamin neu gestaltet und orientiert. Ansonsten wurde lediglich das Mobiliar ersetzt – mit durchschlagender Wirkung!

Materialien
Ein großes Anliegen der Bauherren war, den Raum heller wirken zu lassen. Entsprechend der bauzeitlichen Mode war der Raum in dunklen Farbtönen gehalten. Nun wurden seine Wände weiß gestrichen, als Untergrund diente auch hier wieder ein Vlies. Der bestehende Travertin-Fußboden wurde

Hell und freundlich gibt sich heute der ehemals düstere Raum.

ergänzt, der graue Teppich durch sandfarbenen Velourboden ersetzt. Der Essplatz wurde durch Eiche-Fertigparkett betont und mit einer Brüstung aus französischem Nußbaum zum etwas tiefer liegenden Wohnbereich hin abgetrennt.

Möblierung

Mit glattflächigen, weiß lackierten Oberflächen tragen die Möbel zur neuen Helligkeit und Großzügigkeit des Raumes bei: der Geschirrschrank zwischen den beiden Treppenläufen erhielt Türen mit satinierten Glasscheiben, der Wohnzimmerschrank applikative Seitenbretter aus französischem Nußbaumholz. Beibehalten wurden der Flügel des Hausherrn sowie einige kleine antike Stücke. Ergänzt wurde alles mit Sesseln und Stühlen von Minotti beziehungsweise Zanotta.

Besonderheiten des Entwurfs

Überwiegend mit Hilfe von Architektur-integrativen neuen Möbeln wurde der Charakter des Wohnraumes vollkommen verändert.

Das Wichtigste in Kürze

Entwurf: Innenarchitektur Möbeldesign,
Dipl.-Ing. Ekkehard Schröer, Cäcilienstr. 6 A, D-45130 Essen
info@ekkehardschroeer.de

Wohnfläche der Wohnung: ca. 124 m²

Fläche des Wohnraumes: ca. 52 m²

Baukosten: ca. 52 900 €

Fotografien: Peter Stockhausen, Essen, www.peter-stockhausen.de

Der offene Kamin mit Treppen zu beiden Seiten wurde aus dem Bestand übernommen, aber überformt.

Der Essplatz liegt leicht erhöht.

In Greifweite zum Essplatz wurde in der Kaminwand ein geschlossenes Regal angeordnet.

GRUNDRISS

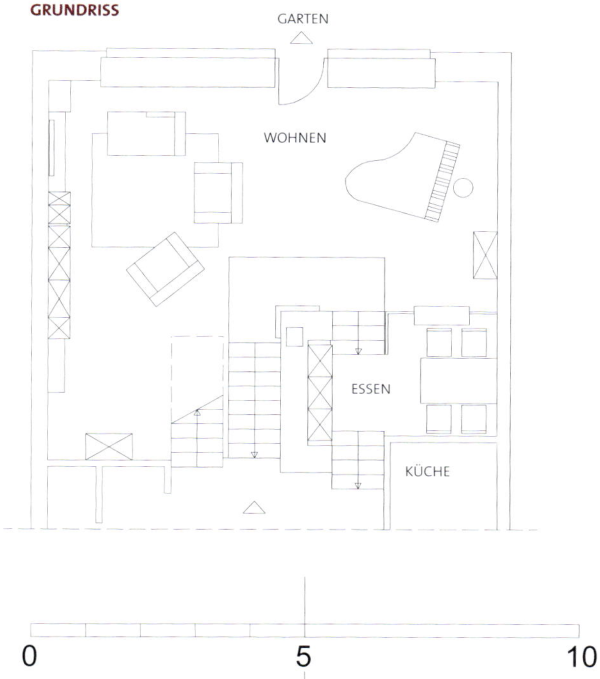

Die Glasfassade lässt das Licht tief in den Raum strömen.

Boots-Haus

Würde Hans Scharoun, jener geniale Exzentriker der Klassischen Moderne, noch leben, der Entwurf dieses Hauses könnte an seinem Zeichentisch entstanden sein.

Links: Das Treppenhaus tritt aus der Fassade heraus. Rechts: Geradlinig und leichtfüßig gibt sich die Eingangsseite. Rechte Seite: Wie ein angelandetes Schiff.

Die Küchentheke durchdringt scheinbar die Fassade.

Als sogenannte Himmelsleiter läuft die von außen ebenfalls so markante Treppe durchs Haus.

Außenarchitektur des Hauses

Entwarf Scharoun mit seinem 1933 realisierten Haus Schminke im sächsischen Löbau einen „am Festland liegenden Dampfer", so stellte Anna Philipp gut sieben Jahrzehnte später mit dem hier vorgestellten Einfamilienhaus eine gestrandete Brigg ans Ufer eines kleinen Binnensees im Südwesten Deutschlands. Großzügige Glasflächen in bewusst stehendem Format sowie ein im ersten Obergeschoss umlaufendes Holzdeck mit wenigen schlanken Stützen, die an die Masten eines jener eleganten Segelschiffe aus einer längst vergangenen Zeit erinnern, vermitteln den Eindruck hanseatischer Weltoffenheit und Klarheit. Rein formal gesehen handelt es sich dabei um einen weiß verputzten, längsrechteckigen Baukörper mit asymmetrischem Schmetterlingsdach. Charakteristisch ist auch das vor der Außenwand hängende Treppenhaus, das dem Betrachter unmissverständlich seine Funktion zu verstehen gibt.

Innenarchitektur

Nahezu das gesamte Erdgeschoss des für zwei Personen geplanten Hauses wird von dem riesigen Wohnraum eingenommen. Im Geschoss darüber finden sich zwei Schlafräume mit großzügigem Bad und Sauna. Dank großer Fensterflächen und heller Oberflächen wirken alle Räume überaus lichtdurchflutet und großzügig.

Der Wohnraum

Schlicht, längsrechteckig und hell gibt sich der Wohn-Essraum mit offener Küche. Zu zwei Seiten vollständig verglast, verschmilzt der Raum mit der umgebenden Natur, auf den beiden anderen Seiten nahezu vollständig geschlossen, wirkt er andererseits gefasst und definiert. Eine wesentliche Besonderheit des Raumes ist seine integrative Möblierung: entlang der geschlossenen Längsfassade wurde eine nahezu raumhohe Schrankwand angeordnet, die aufgrund ihrer glatten, weißen Fronten kaum als solche wahrgenommen wird. Hier kommt alles unter, was üblicherweise in Wohnzimmerregalen, Kommoden und anderen, frei im Raum stehenden Möbeln eine Bleibe findet. Ansonsten beschränkt sich die Möblierung auf einen Esstisch sowie eine Sitzgruppe, wodurch der Raum angenehm aufgeräumt wirkt. Ein weiteres Highlight des Entwurfes von Architektin Anna Philipp ist der frei im Raum vor den Glasflächen pendelnde Kamin, der selbst bei brennendem Feuer den Blick zum See freigibt. Alles in allem ein Wohnraum, der es seinen Bewohnern erlaubt, ganz unterschiedlich Stimmungen und Atmosphären zu erleben und auszuleben. Die Küche wird durch eine Theke abgetrennt, die sich auf der Terrasse fortsetzt – scheinbar die Glasfassade durchstoßend.

Dank flächiger Einbauschränke konnte auf eingestelltes Mobiliar im Wohnzimmer weitgehend verzichtet werden.

Ein hängender Kamin bildet das Zentrum des...

Materialien

Die Oberflächenmaterialien des Holzständerbaus beschränken sich auf glatten, weiß gestrichenen Verputz der Wände und Deckenuntersichten sowie gespachtelte Fußböden, die farblich leicht changieren.

Das Wichtigste in Kürze

Entwurf: Philipp Architekten GmbH,
Anna Philipp, freie Architektin,
Wittighäuser Steige 2, D-74547 Untermünkheim
office@philipp-architekten.de
www.philipp-architekten.de

Wohnfläche des Hauses: ca. 180 m²

Baukosten: ca. 460 000 €

Fotografien: Victor S. Brigola, Stuttgart
www.victorbrigola.com

...zweiseitig verglasten Wohnbereichs.

Auch im Detail erweckt das Äußere Assoziationen an ein Schiff – hier die Terrasse, das „Schiffsdeck“.

Die Nachtaufnahme macht die Ausmaße des Wohnraums im Erdgeschoss deutlich.

LAGEPLAN

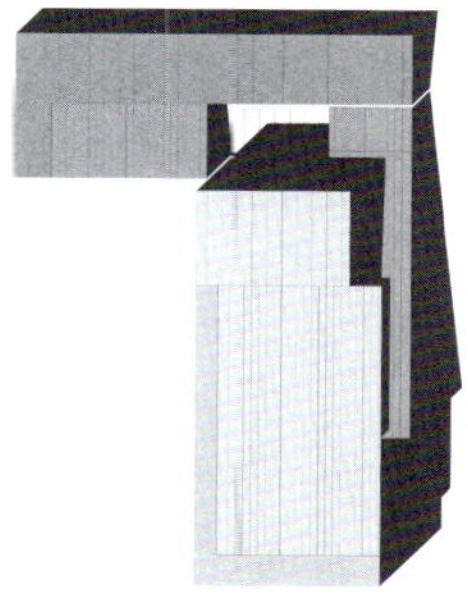

Der kleine Innenhof neben dem Eingang.

UNTERGESCHOSS

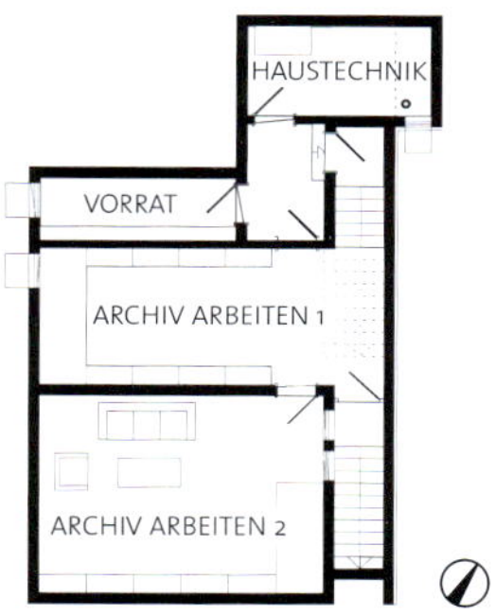

ERDGESCHOSS

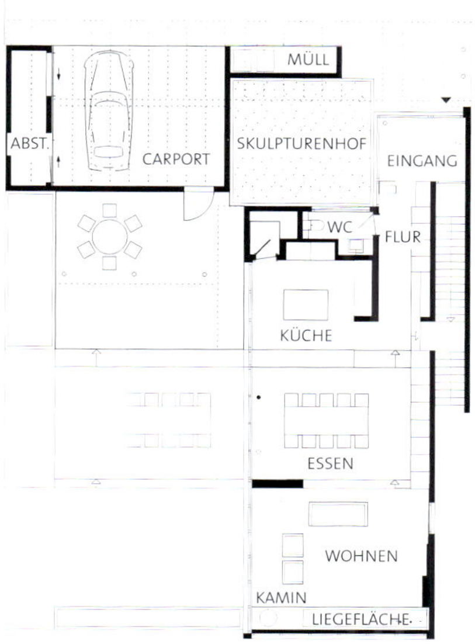

DACHGESCHOSS

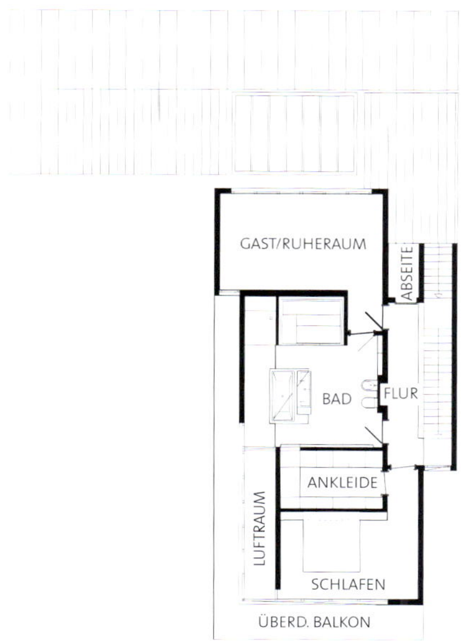

Ein multifunktionaler Wohnraum

Oft stellen sich erst einige Zeit nach Einzug in eine neue Wohnung genauere Vorstellungen über die Innenraumgestaltung heraus. So erging es auch den Bewohnern dieses Dachgeschosses eines dreigeschossigen Mehrfamilienhauses.

Rechte Seite: Blick von der Wohnecke zum Sitzplatz.

Sideboard und Bücherregal wurden kompakt integriert und bieten dennoch viel Stauraum.

Innenarchitektur

Die großzügig geschnittene Wohnung umfasst neben dem Wohn-Essraum mit kleiner Terrasse ein Schlafzimmer und eine Essküche. Im Unterschied zu heute üblichen Konzeptionen ist diese nicht unmittelbar mit dem Wohnraum verbunden, bietet aber Platz für einen Tisch als alltäglichen Essplatz.

Der Wohnraum

Die übrigen Räume waren bereits komplett eingerichtet, im Wohnzimmer wollte sich die gewünschte wohnliche Atmosphäre allerdings noch nicht so richtig einstellen. Mit dem Wunsch, dies zu ändern, wandten sich die Bewohner an Innenarchitektin Iris Preller. Diese fasste den Raum mit Hilfe maßgefertigten Mobiliars zu einer stilistischen Einheit zusammen und zonierte zugleich klar in Wohn- und Essbereich.

Möblierung

Regale in Höhe der Türzargen entlang der Innenwand bieten nun Platz für die Bibliothek der Hausherrin. Ein alter Weichholzschrank wurde von Iris Preller harmonisch eingebunden. Daneben wurde ein Arbeitsplatz im Stil eines Sekretärs in das Regalensemble integriert. Entlang des Drempels entstand zwischen Wohn- und Essbereich ein um die Ecke greifendes Sideboard. Hier fanden Musik- und Videoanlagen, CDs und DVDs ihren Platz. Um trotz fehlendem Gästezimmer der Zwei-Zimmer-Wohnung eine weitere Übernachtungsmöglichkeit zu schaffen, wurde ein herausziehbares Bett in das Sideboard integriert. Hierzu wurde die vorhandene Abseitenwand durchbrochen und im Kniestockbereich ein Einschubraum für das Bett abgekoffert, wärmegedämmt und luftdicht an die angrenzende Bausubstanz angeschlossen. In der Ansicht des Möbels ist diese intelligente Lösung nicht zu erkennen, man möchte hier kein Bett vermuten. Die Einbaumöbel wurden um Sitzmöbel und Tische ergänzt: ein dunkelbraunes, stoffbezogenes Ecksofa lädt zum Lesen, Musik hören, Fernsehen oder einfach Faulenzen ein. Als Esstisch wurde ein Shakertisch aus massivem Kirschholz gewählt, umgeben von stoff- und lederbespannten Lehnstühlen.

Materialien

Die neuen Einbaumöbel wurden aus seidenmatt weiß lackierten MDF-Platten vom Schreiner gefertigt. Das im Raum verlegte Ahorn-Massivparkett blieb erhalten.

Aus dem Sideboard lässt sich ein Gästebett „zaubern“, das in einem abgekofferten Bereich hinter dem Drempel verwahrt wird.

Ein wahrer Verwandlungskünstler ist auch das Bücherregal, in das ein Sekretär integriert wurde.

GRUNDRISS

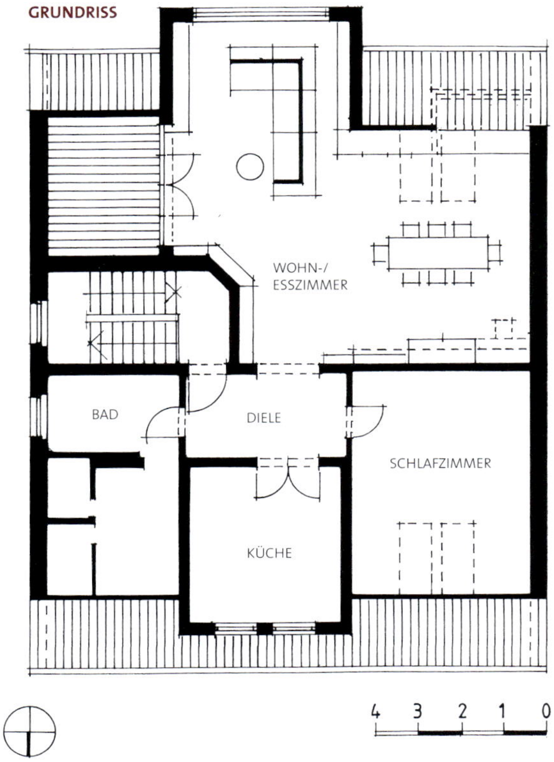

Das Wichtigste in Kürze

Entwurf: Iris Preller,
Dipl.-Innenarchitektin AKNW,
Vinckestr. 23, D-40470 Düsseldorf
info@ris.preller.de
www.iris-preller.de

Wohnfläche der Wohnung: ca. 112 m^2

Fläche des Wohnraumes: ca. 53 m^2

Kosten: ca. 10 500 € (Einbaumöbel)

Fotografien: Angela Raab, Dortmund, post@angelaraab.com

Der Anbau setzt sich stilistisch deutlich vom Altbau ab, beließ diesen aber unverändert.

An die Innenräume schließen unterschiedliche Freiflächen an, die sich optisch in die Landschaft fortsetzen.

Tradition mit Ausblick

Mit viel Gespür für den vorhandenen Altbau und die individuelle Grundstückssituation erweiterte Architekt Matthias Zöller ein Wohnhaus aus den 1930er Jahren mit einem Anbau in Holzskelettbauweise. Dabei entstand ein Wohnraum, der die vielseitigen Ausblicke nutzt und zum Bestandteil der Architektur werden lässt.

Außenarchitektur des Hauses

Im Zuge der Renovierung des Hauses wurde die bisherige Wohnfläche von etwa 100 m² auf das Dreifache vergrößert. Von der Straße aus kaum wahrzunehmen, orientiert sich der Anbau im östlichen Garten an einer für die Pfalz typischen Tradition: die rückwärtig gelegenen Gebäude der ländlichen Wohn- und Wirtschaftshöfe wurden häufig in Holzbauweise errichtet und mit einer Bretterverschalung versehen. Dementsprechend nutzte Matthias Zöller für den zweigeschossigen Flachbau die vom Grundstück vorgegebene trapezförmige Fläche für eine sichtbar präsente Holzskelettkonstruktion mit diagonalverschalter Ausfachung. Mit Hilfe eines schmalen, verglasten „Gelenks" setzte er Alt- und Neubau deutlich voneinander ab und beließ beiden ihre eigenständige, jeweils für sich definierte Form. Die verbleibende Gartenfläche wurde in das Gesamtkonzept des Architekten eingebunden, und auch hier griff dieser auf eine regionale Form zurück und interpretierte sie neu: so nehmen die Freiflächen heute die ortstypische Terrassierung des historischen Weinbaus in Hanglage auf. Der Baukörper setzt die Geländeführung mit Terrassen und begrünten Flächen fort. Die Abstaffelung des Gebäudes bietet in jeder Geschossebene, mit Ausnahme des Dachgeschosses, Balkone und Terrassen in Richtung der nahen Rheinebene an.

Innenarchitektur

Im Altbau wurde die vorgefundene Raumstruktur belassen. Es wurden lediglich in geringem Maße Innenwände versetzt und Durchbrüche hergestellt, das Dachgeschoss wurde er-

Alt- und Neubau wurden durch ein verglastes „Gelenk“ verbunden, eine Brücke führt in den neuen Wohnraum.

Markant-runde Holzstützen prägen den Wohnbereich.

höht und ausgebaut. Der Anbau bietet im Gartengeschoss vier variabel nutzbare Zimmer, gruppiert um einen gemeinschaftlichen Erschließungsraum. Alle Zimmer haben unmittelbaren Zugang zum Garten. Im darüber liegenden Erdgeschoss befindet sich der Wohnbereich.

Der Wohnraum

Über einen Luftraum mit Brücke an den Altbau anschließend, steht das gesamte obere Geschoss des Anbaus als Wohn-Essraum zur Verfügung. Eine raumhohe Glasfassade an der östlichen Schmalseite lässt ihn in eine gut nutzbare Terrasse auf dem Dach des Gartengeschosses übergehen.

Die Glasfassade und raumhohe Einzelfenster an der südöstlichen Gebäudelängsseite geben den unverbauten Blick frei in die Rheinebene und die daran anschließenden, bewaldeten Hügel. Wie überdimensionale Bilder tragen diese Blickmöglichkeiten und ihre Nutzung durch den Entwurf zur besonderen Qualität des Raumes bei.

Auch im Inneren ist das Material der Konstruktion erlebbar: als Bodenbelag wurden Holzdielen verlegt, tragende Holz-Rundstützen setzen prägnante Akzente. Das somit geschaffene „warme“ Ambiente wird durch die ockerfarbene, geschlossene Nordwand unterstützt.

Das Wichtigste in Kürze

Entwurf: Dipl.-Ing. Matthias Zöller, Architekt, ö.b.u.v. Sachverständiger für Schäden an Gebäuden, Pfalzgrafenstr. 31, D-67434 Neustadt/Weinstraße post@sv-zoeller.de; www.sv-zoeller.de

Wohnfläche des Hauses: ca. 300 m^2

Baukosten: k. A.

Fotografien: Matthias Zöller, Neustadt/Weinstraße

Blick vom Wohnbereich über den Sitzplatz auf den Altbau.

LAGEPLAN

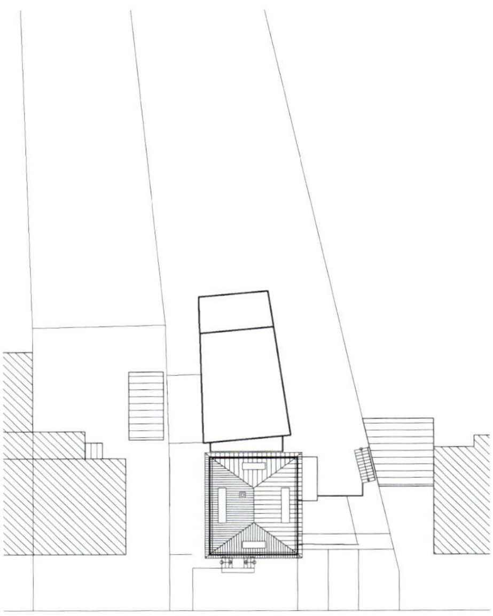

UNTERGESCHOSS

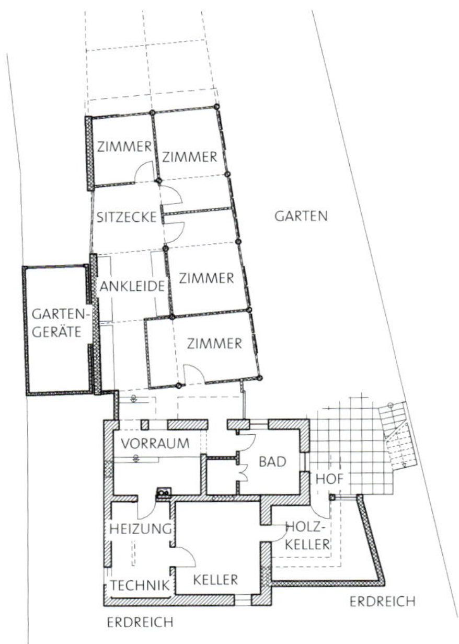

Die alten Massivholzmöbel harmonieren gut mit der modern-rustikalen Architektur.

NORDANSICHT

OSTANSICHT

WESTANSICHT

SÜDANSICHT

ERDGESCHOSS

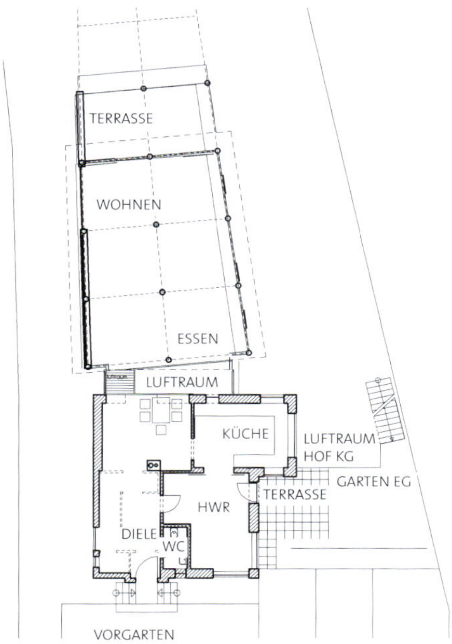

OBERGESCHOSS

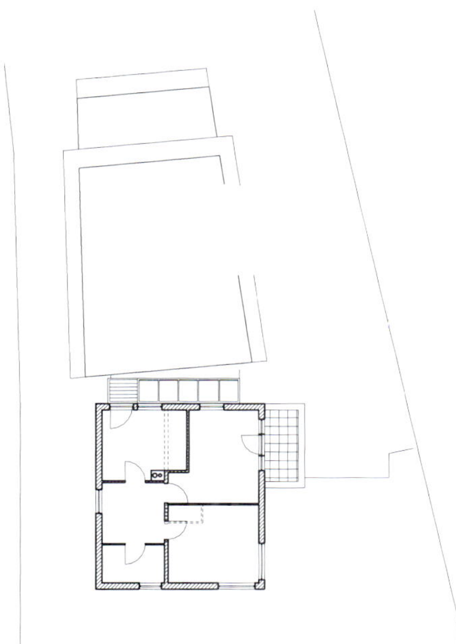

1+1=1

Ältere Siedlungshäuschen wurden oftmals in sehr kleine Räume unterteilt. Das hier dargestellte Nachkriegshaus in Düsseldorf war zudem noch in zwei Wohneinheiten separiert. Leona Geitner plante radikale Eingriffe und ließ den Altbau heutigen Bedürfnissen gerecht werden.

Wohnraum und Küche gehen nach dem Umbau offen ineinander über, dunkle Hölzer in diversen Variationen prägen das Bild.

Die Küche wird in den letzten Jahren wieder zunehmend nicht mehr nur als Nutzraum, sondern als Raum mit Aufenthaltsqualität angesehen. Hier wurde ihr besondere Beachtung gewidmet.

Großzügige Wandöffnungen erlauben weite Durchblicke und erhellen die Räume.

Außenarchitektur des Hauses

Die 1952 errichtete Doppelhaushälfte steht in einer geschlossenen Wohnsiedlung, deren Ensemblewirkung und Gestaltung im Laufe der Jahre nur unwesentlich verändert wurde. Der bauzeittypische, weiß verputzte Massivbau mit steilem Satteldach, dunkler Ziegeldeckung und Klappläden befand sich weitgehend im Originalzustand, als ihn die heutigen Eigentümer vor wenigen Jahren erwarben. Dementsprechend hoch war der Modernisierungsbedarf.

Innenarchitektur

In Erd- und Dachgeschoss befand sich jeweils eine Wohneinheit mit je vier Zimmern, der Dachstuhl war nicht ausgebaut. Die kleinen Räume entsprachen nicht den Bedürfnissen der neuen Eigentümer. Sämtliche Installationen hatten Nachkriegsstandard. Die Bauherren hatten den Wunsch, beide Wohneinheiten zu einem Einfamilienhaus zusammenzufassen und die kleinräumige Aufteilung zugunsten größerer Zimmer aufzubrechen. Die äußere Gestalt des Altbaus sollte dabei nicht beeinträchtigt werden.

Der Wohnraum

Die Düsseldorfer Architektin Leona Geitner setzte die Wünsche der Bauherren ansprechend um. So entstand im Erdgeschoss durch Zusammenlegung zweier kleiner Zimmer ein großer Wohn-Essraum, der über einen breiten Durchgang halboffen mit der Küche verbunden wurde. Die Küche ihrerseits wurde um eine Fensterachse verbreitert, dafür das ehemalige Badezimmer im Erdgeschoss zum Gäste-WC reduziert. Die Veränderungen nach Außen beschränkten sich auf eine neu eingefügte, bodentiefe Fensterfront, die den Wohnraum erhellt und mit dem Garten verbindet.

Materialien

Alle Umbauten sollten selbstverständliche Übergänge zwischen Alt und Neu bilden. Das Farb- und Materialkonzept unterstreicht diese Absicht. Die zurückhaltende, helle Farbgestaltung der Wände und der Böden bildete den Hintergrund für die bestehenden und die neuen Elemente des Hauses. Neue Materialien wie Parkett und Naturstein in warmen Tönen wurden hinzugefügt, ergänzt um farbliche

Auch dieser Wohnraum wird durch einen gekonnten Stilmix geprägt; hinten rechts der Durchgang zur Küche.

Das Wichtigste in Kürze

Entwurf: Leona Geitner, Dipl.-Ing. Architektin, Niederrheinstraße 9 a, D-40474 Düsseldorf mail@geitner-architekten.de

Wohnfläche des Hauses: ca. 165 m²

Umbaukosten: ca. 95 000 €

Fotografien: Jens Kirchner, Düsseldorf www.jens-kirchner.com

Der Eingangsbereich wurde im Zuge des Umbaus ebenfalls neu gestaltet.

Akzente einzelner Wandflächen in Bädern und Küche. In Wohnraum und Küche wurde Eichenparkett im Landhausdielen-Format verlegt, im Eingangsbereich davor verbreitet fein geschliffener großformatiger Anröchter Dolomit einen Hauch von Noblesse. Die Wände wurden glatt verputzt und cremeweiß gestrichen. Stark beanspruchte Wandflächen in der Küche und in den Bädern erhielten eine farbige Lackbeschichtung, die im Fall der Küche grasgrün ausfiel und in sehr ästhetischem Kontrast zu den Küchenmöbeln steht.

Möblierung

Besonders erwähnenswert sind die Küchenmöbel mit Nussholz-furnierten Fronten und einer massiven Arbeitsplatte aus Ahornholz, die nach Entwurf der Architektin gefertigt wurden. Die kantig geschnittenen Edelstahl-Muldengriffe setzen sich im Kontrast zu den dunklen, dezent gemaserten Holzoberflächen ab.

ERDGESCHOSS BESTAND

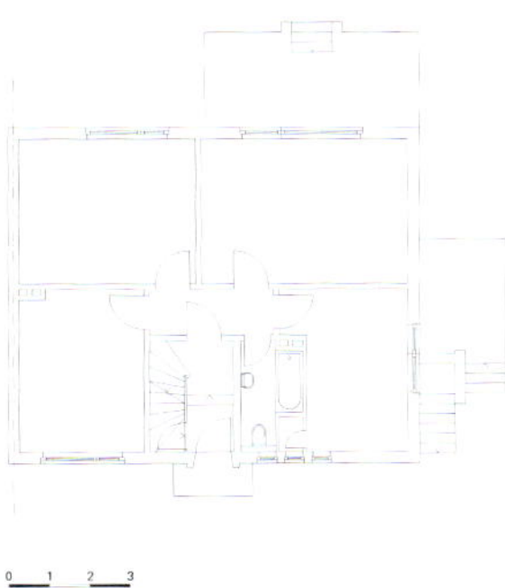

ERDGESCHOSS NEU

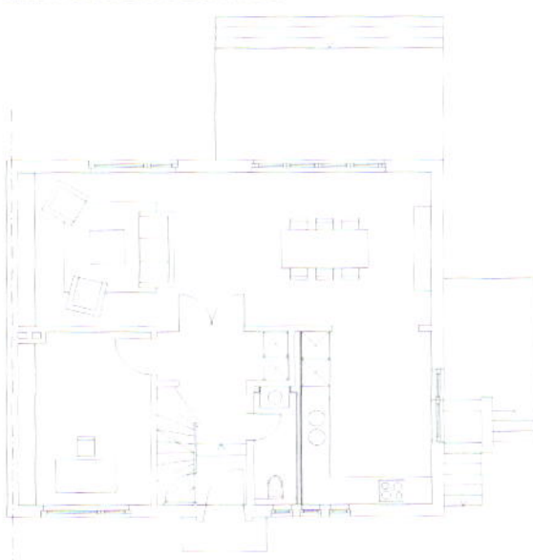

OBERGESCHOSS

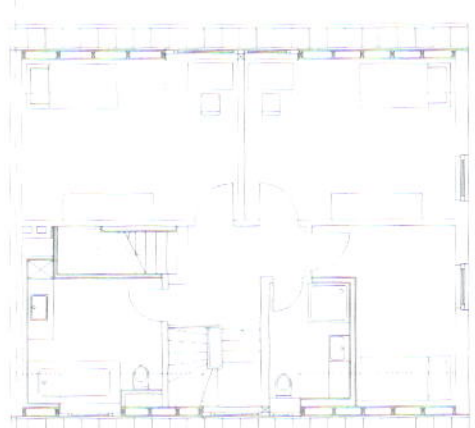

DACHGESCHOSS

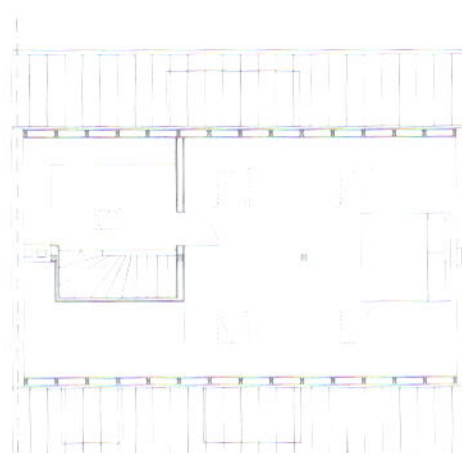

Der Neubau wurde als schmaler Kubus an der Grundstücksgrenze in den Garten eingefügt.

Ein Loft im Garten

Der Garten war soeben neu angelegt worden, als die Eigentümer sich entschlossen, in ihm ein neues Haus zu bauen. Die Architekten Marion Boch und Peter Keller planten das Haus – und tasteten den Garten kaum an.

Außenarchitektur des Hauses

Um der Tochter das alte Siedlungshäuschen überlassen zu können, kam den Eltern der Gedanke neu zu bauen: im eigenen Garten, der sich in großer Tiefe hinter dem Haus erstreckte. Das Problem: er war erst neu angelegt worden und sollte möglichst weitgehend bestehen bleiben, Bepflanzung und Gartenteich sollten weder durch den neuen Baukörper noch durch den Bauablauf tangiert werden. Marion Boch und Peter Keller, Darmstädter Spezialisten für anspruchsvolle und dennoch funktionale, kostengünstige Wohnarchitektur, entsprachen den Wünschen der Bauherren und platzierten den Neubau am Rand des Grundstücks als langgestreckten schmalen Baukörper, teilweise wurde das Dach der bestehenden Garage als Bauplatz verwendet. Die Architekten verlängerten die Grundstücksgrenzwand der Garage um einen massiv gemauerten, eingeschossigen Bügel und ergänzten ihn zum Garten hin mit einer raumhohen Glasfassade.

Auf das so entstandene Erdgeschoss ließen sie vom Zimmermann einen länglichen Kubus in Holzleichtbauweise stellen, gegenüber dem unteren Geschoss leicht versetzt über die Garage, so dass sich auf der Südseite eine Freifläche auf dem Dach des Erdgeschosses ergab. Im Bereich der Glasfassade wurde der Kubus mit Stahlrundstützen abgefangen.

Innenarchitektur

Das zweigeschossige Wohnhaus wurde loftartig konzipiert. Somit nimmt über die Hälfte der gesamten Wohnfläche der Wohnbereich ein. Schlafzimmer und Bad komplettieren die Wohnung für zwei Personen.

Der Wohnbereich wurde als durchgängiger, teilweise zweigeschossiger Raum mit eingestellter Küche ausgeführt

Der Wohnraum

Abgesehen vom Eingangsbereich mit Gäste-WC erstreckt sich der Wohnraum mit Essplatz und offen eingestellter Küche über das gesamte Erdgeschoss – ein luftig-heller Raum, großflächig verglast, aber dennoch gefasst dank der geschlossenen Rückwand. Über einen Luftraum über dem Essplatz wurde das Erdgeschoss offen mit dem Obergeschoss verbunden, das größtenteils als Arbeitsgalerie Bestandteil des Wohnraumes ist. Von der Galerie führt ein Steg durch den Luftraum auf die Dachterrasse, die als nutzbare Freifläche ein Stück des überbauten Gartens ersetzt.

Materialien

So klar und schnörkellos wie die Formensprache gibt sich die Materialität des Hauses: der Mauerwerksteil wurde verputzt, der hölzerne Kubus mit farbigen Holzmehrschichtplatten verkleidet, die Fenster in grau gestrichenem Merantiholz ausgeführt. Ebenfalls grau ist der Fußboden: schlichter, gestrichener Estrich, der gut mit der sichtbar belassenen Betondecke korrespondiert. Die filigran wirkende Stahl-Treppenkonstruktion steht einerseits im harmonischen Kontrast zur großflächigen Rohheit des Betons, fügt sich andererseits aber durch ihre gradlinige Gestaltung in die ruhige Gesamtarchitektur ein.

Besonderheiten des Entwurfs

Durch die Baumaßnahme wurde zwar die Garage arg in Mitleidenschaft gezogen und erhielt unter anderem ein neues Dach und neue Fenster doch der Garten blieb unangetastet. Die überbaute Grünfläche wurde durch die Dachterrasse sowie durch extensiv begrünte Dächer auf Neubau und Garage teilweise ersetzt.

Möblierung

Die Materialien des Hauses wurden bewusst roh und schlicht gehalten, die Möblierung diesem Stil angepasst: Schwarz, Weiß und Grautöne, oft in Verbindung mit Glas und Metall, dominieren das Bild und unterstreichen – ästhetisch stringent – den gewollt „kühlen" Charakter des Hauses. Eine andere Möglichkeit wäre, die in ihrer Materialität konsequente Architektur mit „warmen" Möbeln in Holz zu kontrastieren.

Wie die Gesamtarchitektur wurde auch die Treppe auf das Notwendigste reduziert.

Im Obergeschoss führt eine Brücke auf die Dachterrasse.

Das Wichtigste in Kürze

Entwurf: Boch + Keller Architekten,
Eysenbachstr. 20 B,
D-64297 Darmstadt-Eberstadt
boch.keller@t-online.de
www.boch-keller.de

Wohnfläche des Hauses: ca. 108 m²

Baukosten: ca. 130 000 €

Fotografien: Thomas Eicken, Darmstadt

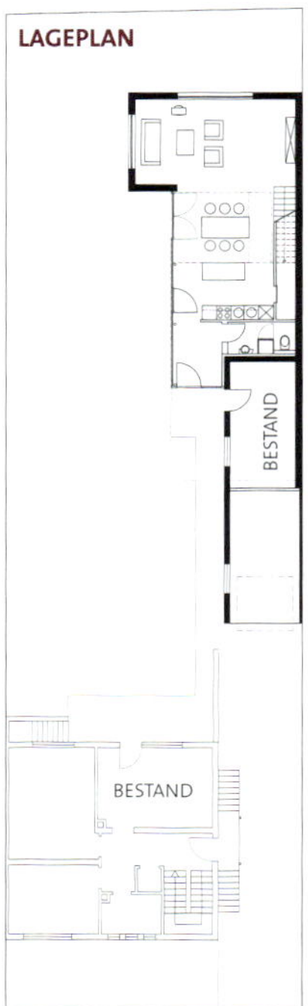

ERDGESCHOSS

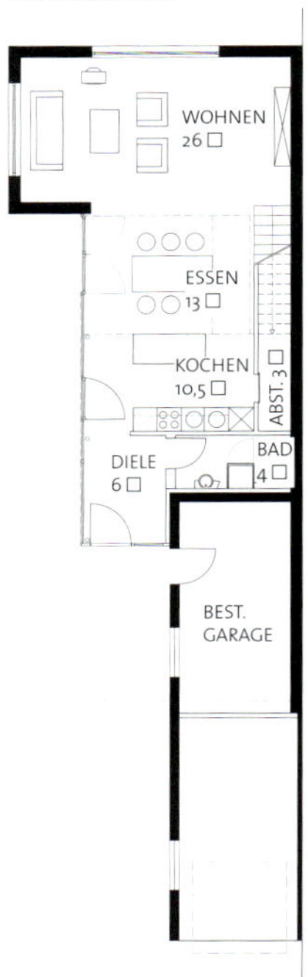

OBERGESCHOSS

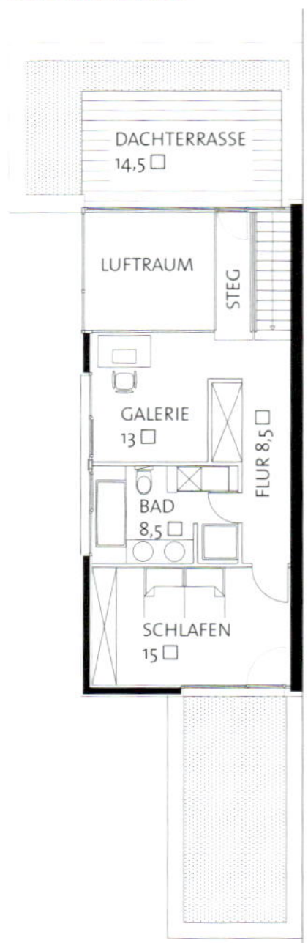

Der Wohnraum wurde teilweise durchgehend zweigeschossig verglast.

Wohnen mit Durchblick

Ein Grundstück in leichter Hanglage, der Wunsch nach Weitblick, Nord-Ost-Ausrichtung des Gartens sowie restriktive Vorgaben des Bebauungsplanes waren die teilweise problematischen Eckpfeiler des Entwurfes von Marion Boch und Peter Keller.

Die Struktur des Hausinneren lässt sich von außen erkennen; ein wenig parasitär wirken die massiven Gauben auf beiden Seiten des Hauses.

Durchblicke, weiße, glatte Oberflächen in Verbindung mit dunklen Böden sowie schwarz umrandete Öffnungen prägen den Entwurf.

Außenarchitektur des Hauses

Die äußere Gestalt des Hauses wurde in weiten Teilen durch den Bebauungsplan des Restgrundstücks in einem Baugebiet aus den 1980er Jahren bestimmt. So entstand ein eingeschossiges Satteldachhaus mit markanten, das Erscheinungsbild wesentlich bestimmenden Schmetterlingsgauben.

Innenarchitektur

Neben ausreichendem Wohnraum für zwei Eltern und ein Kind war die Vorgabe an die Architekten, das Büro der Bauherrin im Haus unterzubringen. Es findet sich heute im Souterrain und verfügt über einen Zugang von der Wohnung sowie einen separaten Zugang von außen. Nahezu das gesamte Erdgeschoss nimmt der Wohnbereich auf zwei leicht versetzten Ebenen ein. Daneben wurde hier ein Arbeitszimmer untergebracht.

Über einen Luftraum mit der Wohnebene verbunden ist das Dachgeschoss, wo Marion Boch und Peter Keller die Schlafräume und zwei Bäder anordneten. Wie bei vielen weiteren Details des Entwurfes kamen auch hier durchdachte Individuallösungen zur Ausführung, wie sie in dieser Form üblicherweise nur bei Architektenentwürfen denkbar sind. So finden sich in den Innenwänden des Dachgeschosses Verglasungen, die etwa den Ausblick vom Kinderzimmer auf die nördlich gelegene Bachaue ermöglichen, das Elternbad erhält über eine Oberlichtverglasung Südsonne.

Der Wohnraum

Der eigentliche Wohnbereich liegt 95 cm tiefer als die Eingangsebene mit Küche und Essbereich. Somit wurde zum einen der Höhenversprung des Geländes aufgegriffen, zum anderen konnte so im Wohnbereich eine großzügige Raumhöhe von 3,45 Metern realisiert werden. Durch den Höhenversprung vermittelt das Wohnzimmer zwischen dem höher liegenden Straßenniveau und dem Garten. Die mit Holz belegte Terrasse erweitert den Wohnraum ins Freie. Die scheinbar schwebende Treppe zum Dachgeschoss zieht sich skulptural durch den Raum. Dachflächenfenster auf der Süd-Ostseite versorgen das Wohnzimmer über einen Luftraum mit Südlicht, um die problematische Grundstücksausrichtung zu kompensieren. Eine besonders intelligente Lösung setzten die Architekten bei der Küche um: sie wurde zweigeteilt in eine offen mit dem Essplatz verbundene Anrichtezone und eine abtrennbare Kochküche. Wie zwischen Eingang und Essplatz, erfolgte auch hier die Abtrennung durch Glasschiebetüren, die auch im geschlossenen Zustand den gewünschten Durchblick durch das Gebäude ermöglichen.

Skulptural ragt die zweiläufige Treppe in den Wohnraum.

Besonders intelligent wurde die Küche durchdacht, die in einen offenen Bereich mit Theke und einen abtrennbaren Arbeitsbereich unterteilt ist.

Materialien

Für die Oberflächen von Wänden und Böden wählte man pflegeleichte, langlebige Materialien: der Fußboden in den Wohnräumen wurde mit Jatoba-Fertigparkett in Schiffsbodenoptik belegt, der Fußboden in den Eingangsbereichen mit geschliffenem Anröchter Graustein. Für die Trittstufen der Edelstahltreppe fand ebenfalls Jatobaholz Verwendung. Die Oberflächen der massiv gemauerten und als Gipskarton-Metallständerkonstruktion erstellten Wände wurden weiß verputzt. Individuell vom Schlosser angefertigt wurden die Glasschiebtüren mit filigranen Metallrahmen.

Besonderheiten des Entwurfs

Beachtung bei diesem Entwurf verdienen insbesondere die vielen durchdachten Detaillösungen, die von den Architekten auf die individuelle Grundstückssituation sowie auf die Bedürfnisse der Bauherren zugeschnitten wurden.

ANSICHT SÜD-OST

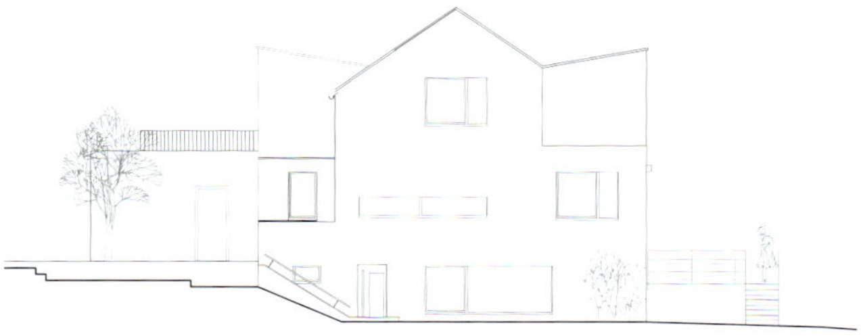

SCHNITT

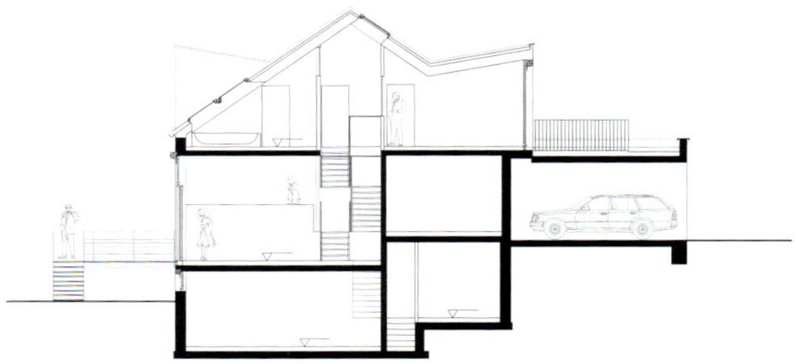

Im Detail wird die filigrane Gestaltung der Treppe besonders deutlich.

Das Wichtigste in Kürze

Entwurf:
Boch + Keller Architekten,
Eysenbachstr. 20 B,
D-64297 Darmstadt-Eberstadt
boch.keller@t-online.de
www.boch-keller.de

Wohnfläche des Hauses:
ca. 193 m² zzgl. ca. 66 m² Büro und ca. 44 m² Keller

Wohnfläche des Wohn-Essraumes mit Küche:
ca. 61 m²

Baukosten: k. A.

Fotografien:
Thomas Eicken, Darmstadt

UNTERGESCHOSS

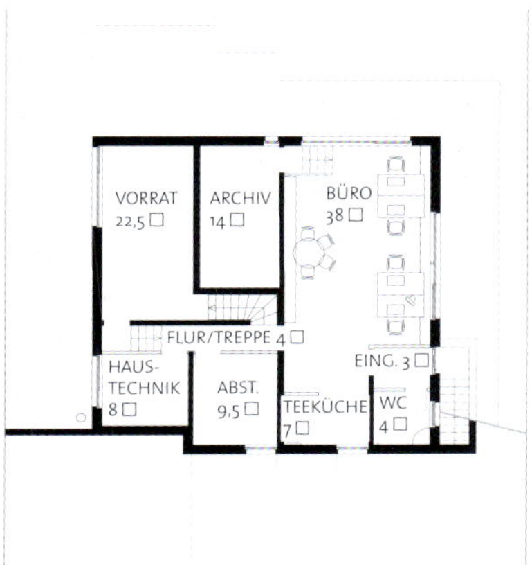

ERDGESCHOSS

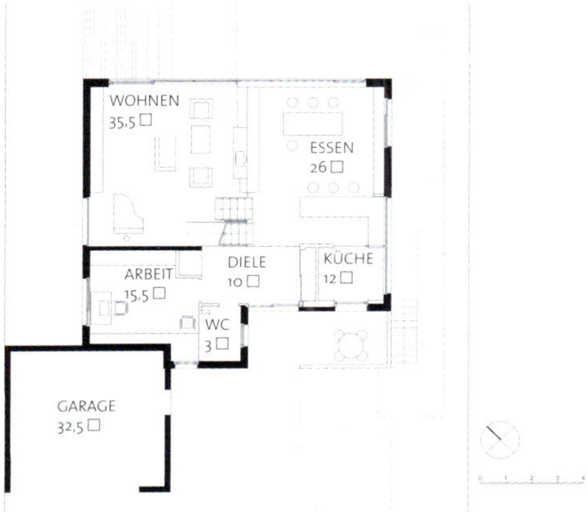

DACHGESCHOSS

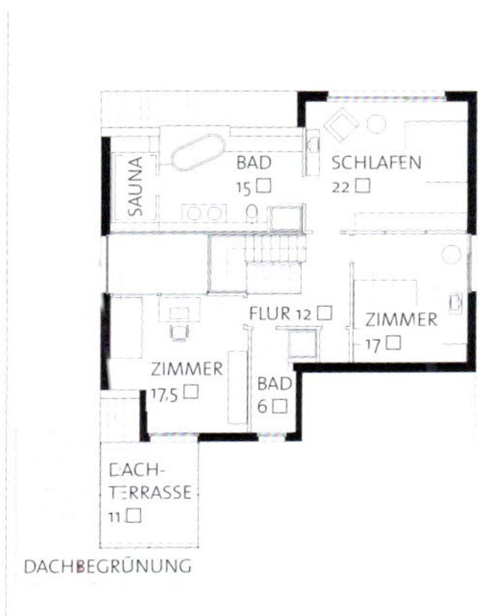

Schlicht und kompakt entwarf die Architektin die äußere Form; erst auf den zweiten Blick nimmt man wahr, dass es sich um ein Doppelhaus handelt.

Wohnen für Singles und Paare

Unkonventionell, puristisch und kostengünstig gibt sich der Entwurf von Bernadette Kösters, von der Architektin als „Low Budget Haus bezeichnet."

Außenarchitektur des Hauses

Wenn sich junge Leute, gleich ob alleinstehend oder zu zweit, eine eigene Wohnimmobilie zulegen, fällt die Wahl in der Regel auf eine Eigentumswohnung – ein Einfamilienhaus gilt meist als zu teuer und zu groß. Das mögliche Gegenteil zu beweisen war das Ziel von Bernadette Kösters, als sie ihr eigenes Haus als Prototyp für ein typisiertes Doppelhaus als attraktive Alternative zur Eigentumswohnung entwarf.

Von außen lässt der schlichte Satteldachbau zunächst nicht vermuten, dass es sich um zwei eigenständige Wohneinheiten handelt. Das Haus wirkt auf den ersten Blick wie ein relativ konventionelles Satteldach-Siedlungshäuschen mit weißer Putzfassade. Bei näherem Hinsehen machen die zweite Haustür auf der Straßenseite sowie die Sichtschutztrennwand auf der Gartenseite allerdings darauf aufmerksam, dass das Haus entlang des Firsts in zwei schmale Segmente unterteilt ist.

Innenarchitektur

Im Inneren wurde die bewusst knapp gehaltene Grundfläche von etwa vier mal 7,5 Metern nur geringfügig durch Wände beschnitten. Lediglich Sanitärräume in Erd- und Dachgeschoss sowie ein Hauswirtschaftsraum im Erdgeschoss wurden abgetrennt. Das erste Obergeschoss wurde als durchgängige Ebene galerieartig mit dem Erdgeschoss verbunden. Unter dem steilen Dach fand der Schlafbereich Platz, neben dem Bad wurde hier am hohen Drempel unter der Dachschräge die Haustechnik untergebracht. Das Dachgeschoss erreicht entlang des Firstes eine Innenhöhe von 5,5 Metern, was den Raum unwahrscheinlich großzügig wirken lässt. Partiell wurde auf der offenen Kehlbalkenlage Stauraum geschaffen.

Im Erdgeschoss wurden Küche und Essplatz angeordnet, eine Treppe führt zum Wohnbereich.

Der Wohnraum

Abgesehen von Gäste-WC und Hauswirtschaftsraum steht das gesamte Erdgeschoss als Essbereich mit offener Küche zur Verfügung, über einen Luftraum offen mit dem galerieartigen Wohnbereich im ersten Obergeschoss zu einem großzügigen „Lebensraum" verbunden. Die Architektin erreichte somit ein äußerst großzügiges Raumgefühl bei knapper Grundfläche. Insbesondere der Luftraum trägt zu diesem Gefühl bei. Andererseits bietet die Trennung in zwei Bereiche, die durch Luftraum und Treppe verbunden sind, auch Vorteile, insbesondere wenn das Haus von zwei Personen bewohnt wird.

Materialien

Im Wohnraum sichtbar sind die weiß verputzten Wandoberflächen, der Fliesenbelag des Erdgeschossfußbodens, die Holzbalkendecke zur Galerie sowie das dortige kleinformatige Parkett. Besonders markant sind die anthrazitfarbenen Holzfensterrahmen und die Innentreppe mit Stahlwangen und Gitterrosten als Trittstufen.

Besonderheiten des Entwurfs

Die äußerst günstigen Baukosten von nicht einmal 1000 € pro Quadratmeter sind, neben der schlichten Bauform, insbesondere konstruktiven Maßnahmen zu verdanken. So wurden die Außenwände monolithisch aus Porenbeton erstellt, auf weitere Wärmedämmung wurde aufgrund der relativ guten Dämmeigenschaften des Materials verzichtet. Vor allem aber wurde der Aufbau der Zwischendecken nahezu auf das statisch notwendige Minimum reduziert: die tragenden Holzbalken wurden mit Holzwerkstoffplatten beplankt, unmittelbar hierauf wurde das Parkett verlegt. Dem Trittschallschutz wurde aufgrund der Zielgruppe keine Beachtung geschenkt. Weitere Details im Bereich der Konstruktion und Materialwahl halfen, die Baukosten zu senken: die Dachdeckung mit Betondachsteinen etwa, oder die Treppenstufen aus einfachen Gitterrosten. So entstand ein Haus, das nicht nur architektonisch, sondern auch vom Standard her puristisch ist – und damit zu überzeugen vermag! Es weicht zwar von gewohnten, allgemeingültigen Standards ab, bietet den anvisierten Bewohnern allerdings hohe Wohnqualität.

Über dem Essplatz erhebt sich ein Luftraum, das Obergeschoss schließt Galerie-artig an.

Möblierung

Die gewählte Einrichtung setzt sich kontrastreich zusammen: im Erdgeschoss ein massiver Beton-Küchenblock mit einem alten Massivholztisch und einem antiken Schrank. Auf der Empore finden sich Sitzmöbel von LeCorbusier in Kombination mit kleinen Holzregalen.

Das Wichtigste in Kürze

Entwurf: W. Hofschröer Architekten, Bernadette Kösters, Salzbergener Str. 18-22, D-48431 Rheine info@hofschroeer.de, www.w-hofschroeer.de

Wohnfläche des Hauses: 67 m²

Baukosten: ca. 970 €/m²

Fotografien: Ulrich Wozniak, Salzbergen, fotodesign.wozniak@t-online.de

SCHNITT

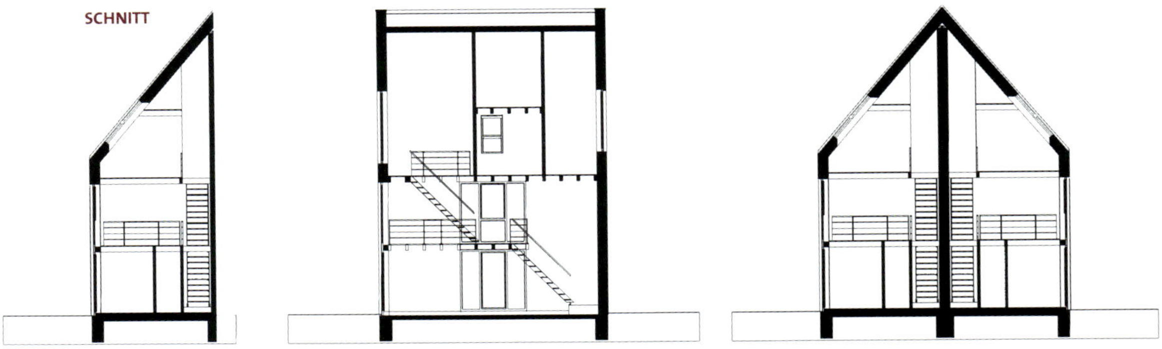

Der Wohnbereich wurde schlicht, aber wohnlich gestaltet; über große Fenster wird er hell belichtet.

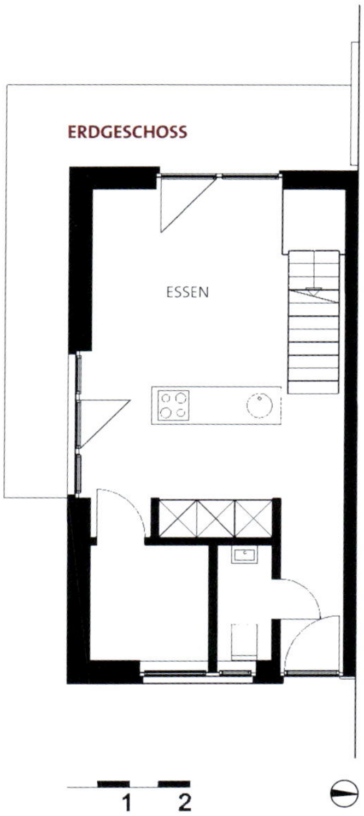

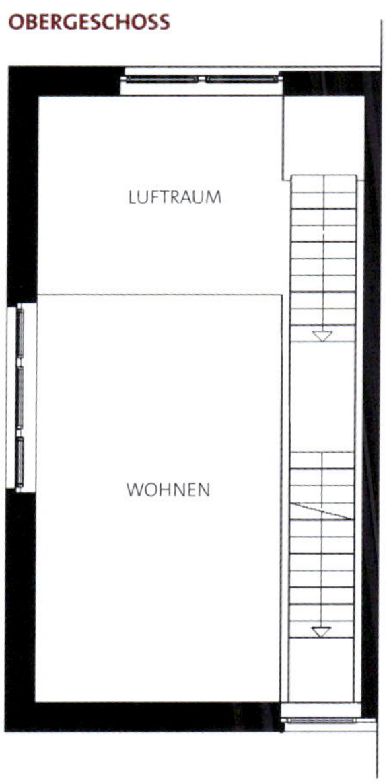

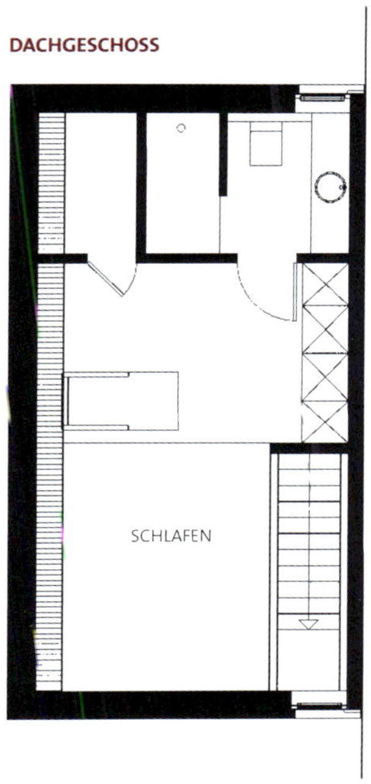

Von beiden Ebenen des Hauses hat man einen fantastischen Ausblick – sei es von der Terrasse oder vom Innenraum aus; ...

Wohnen in drei Ländern

Es gibt Bauplätze, die bieten einen so faszinierenden Ausblick, dass man gut beraten ist, die Architektur des Hauses so schlicht wie möglich zu halten und soviel wie möglich von der umgebenden Landschaft „ins Haus zu holen“.

Außenarchitektur des Hauses

Über einem traumhaften Hanggrundstück, 900 Meter über dem Meeresspiegel, mit Panoramablick über Österreich, Schweiz, Deutschland und den gesamten Bodensee, schwebt seit kurzem ein 45 m langer, schmaler Baukörper aus Holz, getragen von wenigen Stahlstützen und einer Betonmauer. Hangseitig gibt sich der Riegel weitgehend geschlossen, zur Talseite öffnet er sich dagegen durchgehend über eine zurückliegende, geschosshohe Glasfassade, die durch weiten Dachüberstand im Sommer vor allzu starker Überhitzung geschützt wird. Zugleich überdeckt der Dachüberstand einen gleich breiten, auf der Längsseite durchlaufenden Balkon, der auf der nord-westlichen Schmalseite in eine Loggia übergeht. Bekrönt wird der beeindruckende Bau von einer gläsernen Dachlaterne, der rundum verglasten Bibliothek.

Innenarchitektur

Die Erschließung des Gebäudes erfolgt unterhalb des Holzbaukörpers entlang der Betonmauer über einen verglasten Eingangsbereich. Von hier gelangt man über eine einläufige Treppe in das Wohngeschoss. Hier finden sich – wie an einer Perlenkette aufgereiht – zwei Bereiche: im westlichen Teil des Gebäudes der Wohnbereich mit offener Küche, im östlichen Teil der Wohnebene die Schlaf-, Arbeits- und Badezimmer des Hauses. Zu beiden Seiten des zweigeteilten Badezimmers liegen hier jeweils zwei Räume, die sich über Schiebewände zu je einem Raum verbinden lassen und variabel nutzbar sind. Von allen Räumen hat man Zutritt zum durchlaufenden Balkon.

...selbst mit seinen vielen Oberflächen aus Holz wirkt der Entwurf alles andere als rustikal.

Neben dem Ausblick ist der zentral angeordnete Kamin das zweite prägende Element des Wohnraumes.

Der Stil des Mobiliars harmoniert bestens mit der schlicht-eleganten Architektur; hier der Essplatz.

LAGEPLAN

Obwohl auch das Mobiliar – hier der Esstisch und die Küche – zum großen Teil ebenfalls Holzoberflächen hat, wirkt das Material aufgrund der Schlichtheit und Stringenz des Gesamtentwurfs nicht erdrückend.

Der Wohnraum

Ein Boden und eine Decke aus Holz, zu zwei Seiten eine weiße Wand und zu den beiden anderen unendliche Weite, Berge, der Bodensee – so könnte man das Raumgefühl im Hauptraum des Wohnhauses umschreiben. Schlicht und zurückhaltend in der Gestaltung, mit wenigen, großflächig eingesetzten, ruhig wirkenden Materialien, lässt der rechteckige Raum mit eingestelltem Kochbereich über seine raumhohe Verglasung den Ausblick als naturgegebenes dekoratives Element voll und ganz zur Geltung kommen. Ein offener Kamin dient als Raumteiler zwischen Wohn- und Essbereich. Vom Wohngeschoss führt die Treppe weiter in die Dachlaterne. Hier befindet sich ein weiterer Wohnraum mit Bibliothek und vorgelagerter Dachterrasse, der einen grandiosen Rundumblick über das gesamte Voralpenland und den Bodensee bietet.

Materialien

Die Villa wurde in Holzrahmenbauweise errichtet und dementsprechend konsequent auch nach außen mit Holz verkleidet. Ebenso wurden die Deckenuntersichten im Inneren holzsichtig ausgeführt und Massivholzdielen als Bodenbelag verlegt. Für sämtliche sichtbaren Holzbauteile wurde Weißtanne gewählt. Alle Holzoberflächen blieben unbehandelt, lediglich der Boden wurde geölt. Das kommt nicht nur der Gesundheit der Bewohner und der Umwelt zugute, sondern minimiert zudem den Wartungsaufwand. Während einmal gestrichene Hölzer in regelmäßigen Abständen nachgestrichen werden müssen, bedürfen naturbelassene Holzoberflächen keiner weiteren Behandlung, sondern vergrauen mit der Zeit und werden somit wetterresistent.

Die groß dimensionierten Glasflächen wurden als Dreifachverglasung mit einem k-Wert von nur 0,6 W/m^{2}K ausgeführt. Dank dieses für Gläser hervorragenden Wertes wird nicht nur Energie gespart, auch die „Kälteabstrahlung" der Glasfassaden wird reduziert.

Die gefühlte Raumtemperatur bleibt somit in einem angenehmen Bereich, während sie sonst häufig hinter derartigen Verglasungen unangenehm absinkt. Der Korpus des skulpturalen Kamins wurde aus Travertin gefertigt, ebenso die Arbeitsplatte der Kochinsel. Diese selbst wurde, wie der Esstisch und einige Kleinmöbel, in Nussbaum ausgeführt.

Die strenge, klare Linienführung verleiht dem Entwurf Eleganz und Ruhe.

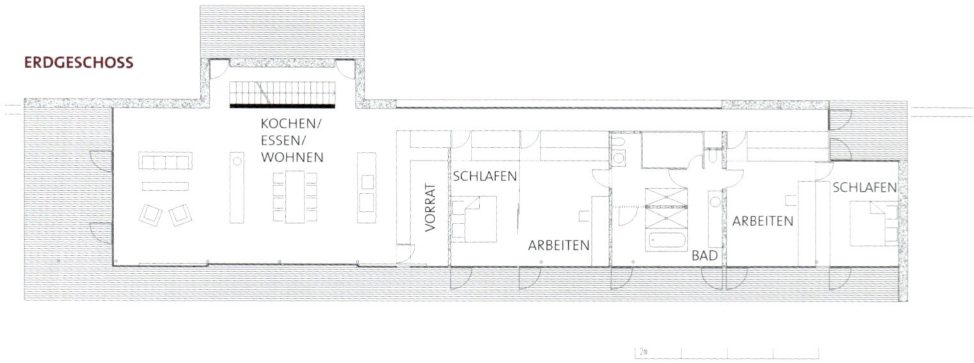

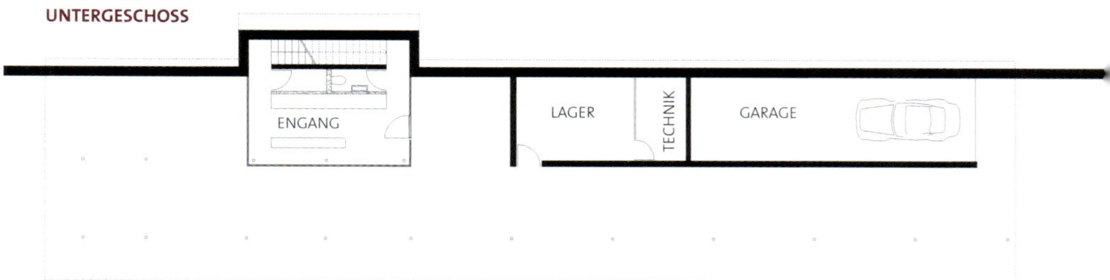

Die Gestaltung des Wohnraumes wurde in den anderen Zimmern des Hauses konsequent fortgeführt.

Das Wichtigste in Kürze

Entwurf: k_m Architektur,
Architekt DI Daniel Sauter,
Glockengieße 2, A-6900 Bregenz,
Hochbucher Weg 58, D-88131 Lindau
k_m.architektur@aon.at
www.k-m-architektur.com

Wohnfläche des Hauses: ca. 360 m²

Baukosten: k. A.

Fotografien: Architekten/Thomas Drexel,
Augsburg/Friedberg,
thomas.drexel@t-online.de

Langgestreckt schwebt das Haus über dem Hang.

OBERGESCHOSS

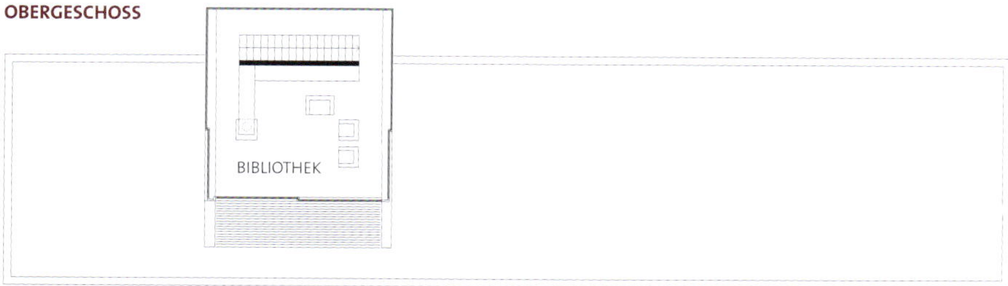

Holzkiste mit Aussicht

Scheinbar schwebende, formal schlichte, hölzerne Kuben an Hanggrundstücken mit weitem Fernblick sind die Spezialität von k_m architektur. Die zuvor dargestellte Villa ist ein besonders nobles Beispiel hierfür, das hier nun gezeigte Einfamilienhaus ein besonders kostengünstiges.

Wie beim zuvor gezeigten Entwurf, wurde auch hier ein Holzkubus auf Betonträger und -scheiben aufgeständert.

Hinter dem massiven Kamin verbirgt sich die Treppe.

Außenarchitektur des Hauses

Am Rande des Dorfes Hochbuch bei Lindau steht das Haus am höchsten Punkt des Geländes. Von hier genießt man eine herrliche Fernsicht in Richtung Bregenz und in die Berglandschaft von Vorarlberg und der Schweiz. Kommt man näher, scheint der Holzkubus auf einem zurückliegenden Untergeschoss aus Glas und einem Betonbügel aufzuliegen. Keine Seite des Hauses gleicht der anderen, geschlossene Holzfassaden, offene Glasfronten und Loggien auf den beiden Schmalseiten wechseln sich ab.

Innenarchitektur

Im Inneren gliedert sich das Gebäude in drei Bereiche: das rundum verglaste, transparente Erdgeschoss sowie den Wohn- und den Schlafbereich im eher introvertierten Obergeschoss. So ermöglicht der Entwurf den einzelnen Bewohnern trotz durchgängiger Offenheit individuelles, situationsabhängiges Wohnen je nach aktuellem Bedürfnis.

Der Wohnraum

Vom Eingangsbereich aus gelangt man über eine etwa mittig quer im Gebäude sitzende einläufige Treppe in den Wohnraum. Die Stufen der skulpturalen Treppe sind einzeln in eine Betonwand eingespannt.

Der Wohnraum seinerseits wird durch einen Kamin vor der Treppenwand in den Wohnbereich und den Essbereich mit offener Küche zoniert. Während ersterer über vollflächige, raumhohe Glasflächen einen weiten Ausblick bietet, gibt sich der Essplatz geschlossen. Vor ihm steht außenseitig auf der gesamten Hausbreite eine große Loggia zur Verfügung. Man gelangt über die vor Filigranheit fast schwebende Treppe vom Eingangsbereich in den offenen Wohnraum im Obergeschoss. Der Wohn-Essraum mit Küche wird optisch durch den Kamin abgetrennt. Ein über die gesamte Raumlänge angeordnetes Möbel gliedert die Schlaf- und Sanitärräume vom Wohnraum ab.

Materialien

Die tragende Konstruktion, die Fassadenverkleidung, Fenster, Türen, der Fußboden und die nach Entwurf des Architekten gefertigten Möbel wurden allesamt in Zedernholz ausgeführt. Sämtliche Hölzer blieben unbehandelt, lediglich der Fußboden wurde geölt. Während üblicherweise bei Holzständerbauten Mineralwolle als Wärmedämmung zum Einsatz kommt, wurde hier Thermohanf gewählt, der ebenso wie der Baustoff Holz ein nachwachsender und recyclebarer Rohstoff ist.

Der Blick durch raumhohe Glasflächen gehört zum architektonischen Konzept.

Besonderheiten des Entwurfs

Dank der Vorfertigung des Holzrahmenbaus und aufgrund guter Kooperation der einzelnen Handwerker betrug die Bauzeit lediglich 3 Monate.

Das Wichtigste in Kürze

Entwurf: k_m Architektur,
Architekt DI Daniel Sauter,
Glockengieße 2, A-6900 Bregenz,
Hochbucher Weg 58, D-88131 Lindau
k_m.architektur@aon.at
www.k-m-architektur.com

Wohnfläche des Hauses: ca. 230 m²

Baukosten: k. A.

Fotografien: Markus Tretter, Lindau/
Albrecht Imanuel Schnabel, Götzis (1)
tretterfotografie@t-online.de

Eine große, schattige Terrasse erweitert den Wohnraum nach draußen.

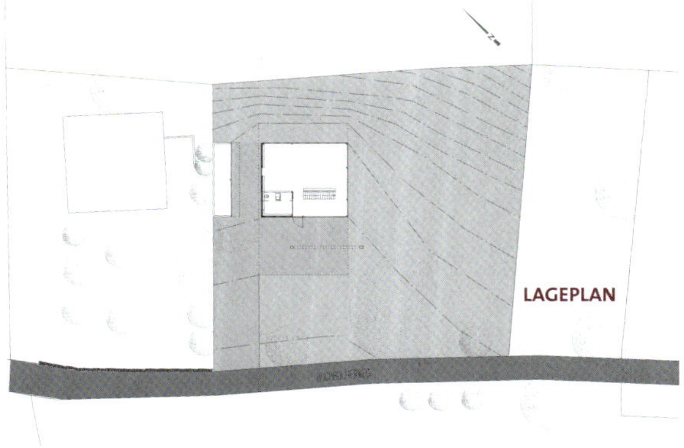

Die Trennung zwischen Wohn- und Schlafraum wirkt möbelartig eingestellt.

Eine kleine Loggia steht als Freisitz mit Weitblick zur Verfügung.

ERDGESCHOSS

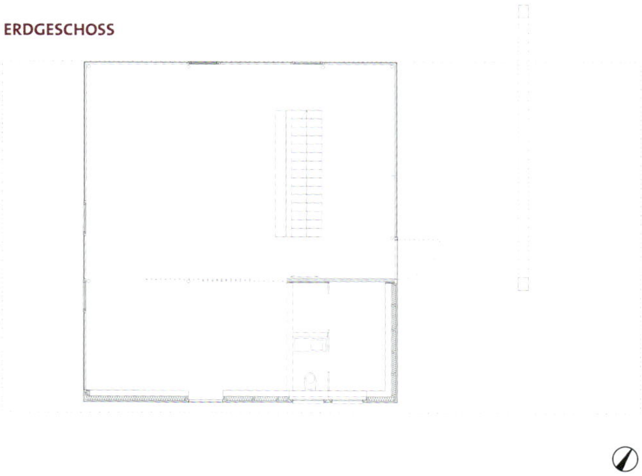

OBERGESCHOSS

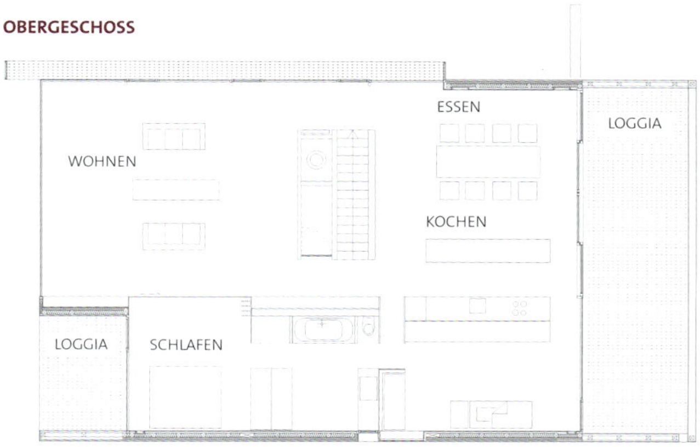

SCHNITT

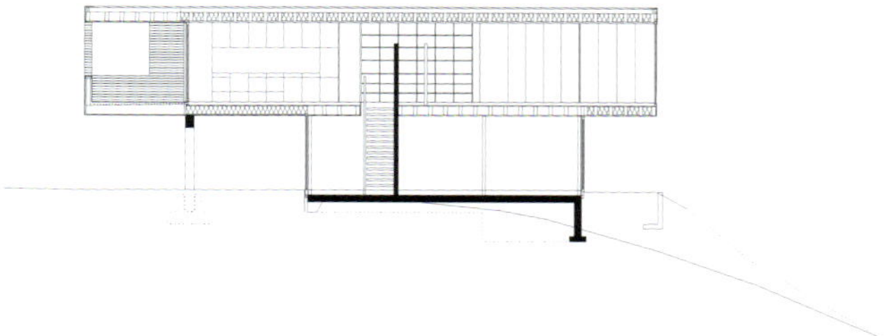

Vor der Rückseite des Kamins kommt die Treppe hoch, davor befindet sich der Essplatz.

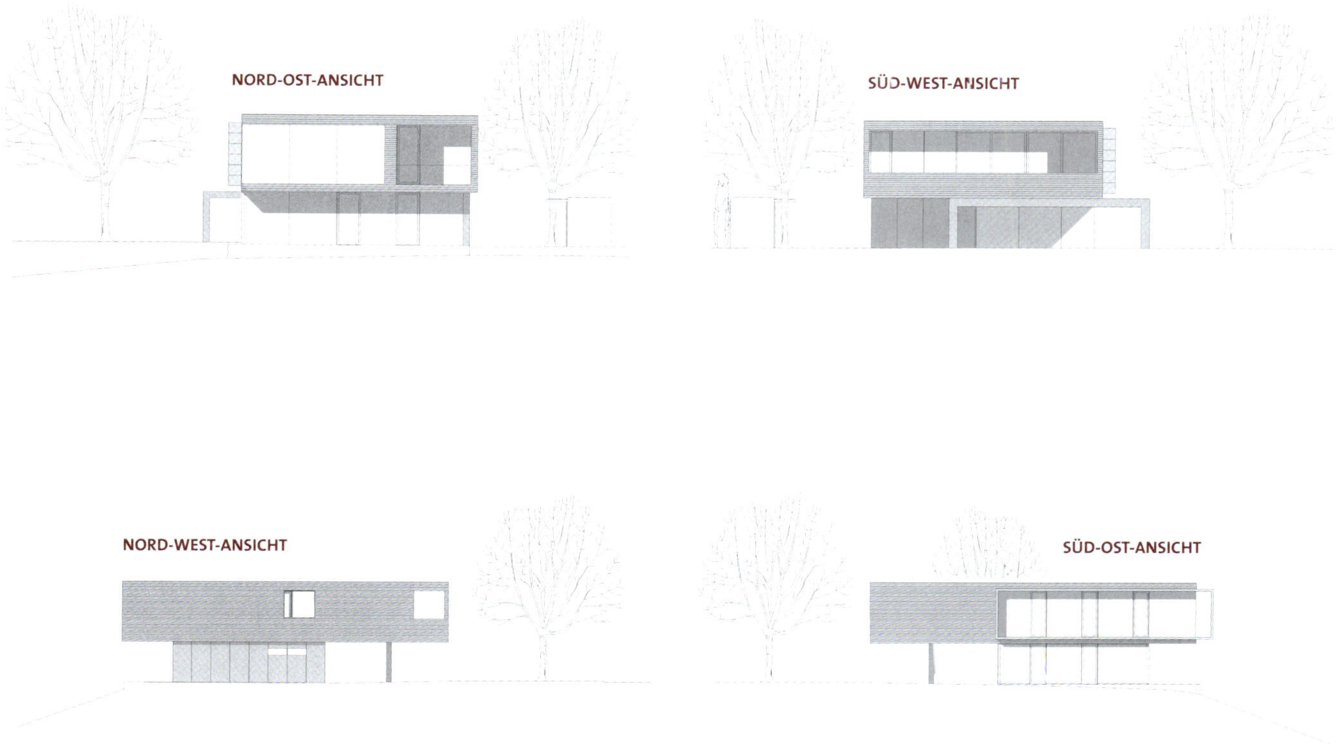

Nach außen gibt sich der Bau als schlichtes Satteldachhaus.

Ein ganz normales Haus ...

Es klingt ganz banal: ein schlichtes Satteldachhaus mit Wohnraum im Erdgeschoss, Schlafräumen im Obergeschoss, einem ausgebauten Spitzboden und daneben eine Garage – wie man dieses klassische Entwurfsmuster seiner vermeintlichen Banalität entreißen kann, zeigt Architekt Frank Ahlbrecht mit diesem Wohnhaus, das er für eine vierköpfige Familie in Essen baute.

Außenarchitektur des Hauses

Das Haus gibt sich als schnörkelloser Putzbau mit glatt gedecktem Satteldach ohne Dachüberstände. Der Architekt hätte lieber ein Flachdach geplant, dies wurde allerdings aufgrund eines gegenüberliegenden, denkmalgeschützten Wasserreservoir-Eingangshäuschens untersagt. So entstanden über quadratischem Grundriss drei Wohn-Ebenen, belichtet über allseitig angeordnete große Fenster. Die Garage wurde in das gestalterische Gesamtkonzept integriert, wodurch ein repräsentativer überdachter Eingangsbereich entstand.

Innenarchitektur

Der kompakt wirkende Baukörper bietet stattliche sieben Schlaf-, Arbeits- und Vielzweckzimmer sowie zwei Bäder im ersten Obergeschoss. Eine Besonderheit ist die zentral positionierte, zweiläufige Treppe: markant mit roten Seitenwänden und gläsernen Fronten, steht sie als filigrane Stahlkonstruktion mit Holzstufen frei im Raum.

Der Wohnraum

Der große Wohn-Essraum präsentiert sich schlicht und rechteckig, aber dennoch deutlich strukturiert. Er wird nach außen durch eine etwa ebenso große Terrasse erweitert und öffnet sich zu dieser sowie zum anschließenden Garten über raumhohe Glasfronten. Eine geschlossene Wandscheibe mit zentral gestelltem Kamin und die Raumaufteilung in einen Wohn- und Essbereich sorgen trotz aller räumlichen Offenheit für

Blick von der Küche zum Essplatz: Wohnraum, Essplatz und Außenraum gehen ineinander über.

ein gewisses Maß an Intimität. Quer zum Wohnraum schließt die Küche an, die sich mittels einer raumhohen Schiebetüre wahlweise vollkommen abtrennen oder übergangslos anfügen lässt. Ihre Besonderheit ist ein freistehender Küchenblock mit Blick nach draußen. In seiner Fortsetzung findet sich ein kleiner, alltäglicher Essplatz für die Familie.

Materialien

Nach außen wurde die klare Gebäudeform durch hellen, kleinkörnigen Filzputz sowie glattflächige, rechteckige Dachziegel betont. Im Inneren wurden massives Eiche-Mosaikparkett mit geölter Oberfläche verlegt und die Wände weiß gestrichen. Die Fronten der Küchenmöbel geben sich weiß lackiert und pflegeleicht, ebenso der Fußboden mit dunklem Fliesenbelag.

Besonderheiten des Entwurfs

Frank Ahlbrecht entwarf ein Gebäude, das einerseits traditionellen Vorstellungen eines Wohnhauses entspricht, sich andererseits aber unkonventionell, modern und ansprechend gibt.

Möblierung

Die Bewohner lassen die Räume als solche voll zur Geltung kommen und genießen mit schlichter Möblierung und ohne Gardinen puristische Ästhetik.

Das Wichtigste in Kürze

Entwurf: Dipl.-Ing. Frank Ahlbrecht,
Architekt BDA + RAIV,
Ruhrtalstraße 71 b, D-45239 Essen
webmaster@ahlbrechtbaukunst.de

Wohnfläche des Hauses: ca. 230 m²

Wohnfläche des Wohn-Essraumes mit Küche: ca. 70 m²

Baukosten: ca. 355 000 €

Fotografien: Deimel & Wittmar, Essen
www.deimel-wittmar.de

Blick vom Essplatz zur Küche; rechts die rote Seitenwand der zentralen Treppe.

Ein offener Kamin unterteilt in Wohn- und Essbereich.

KELLERGESCHOSS

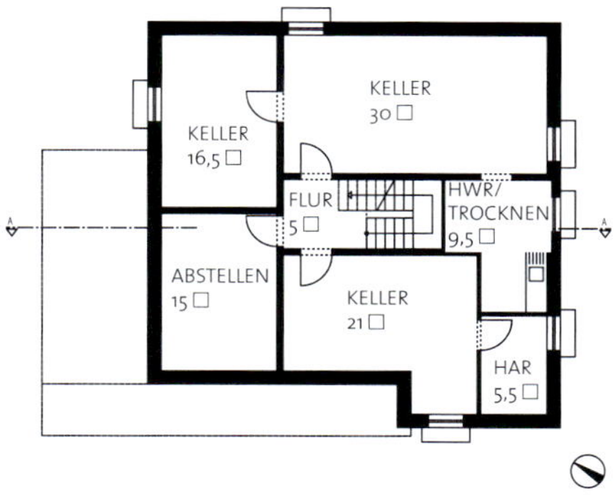

ERDGESCHOSS

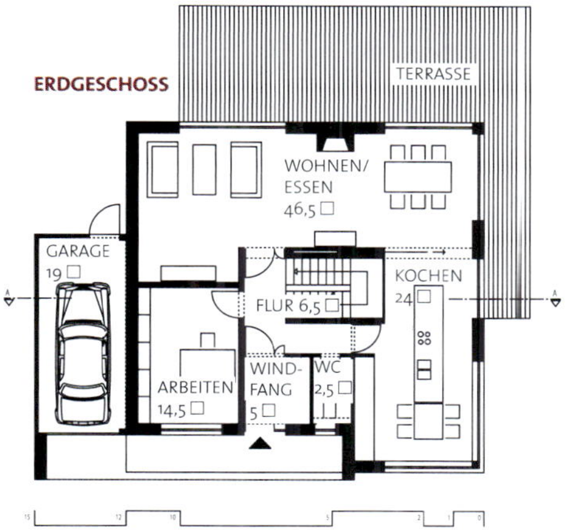

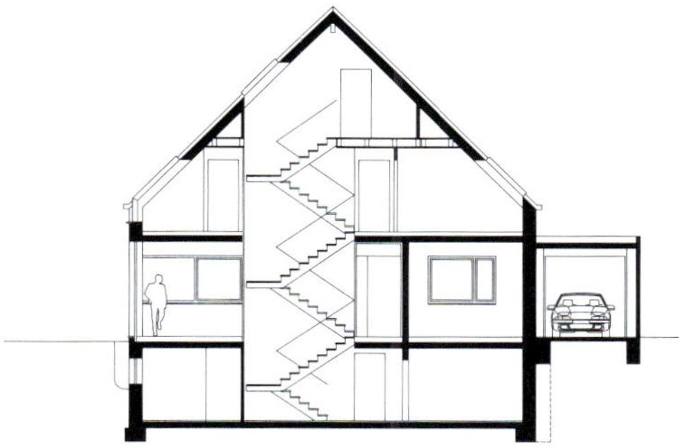

DACHGESCHOSS

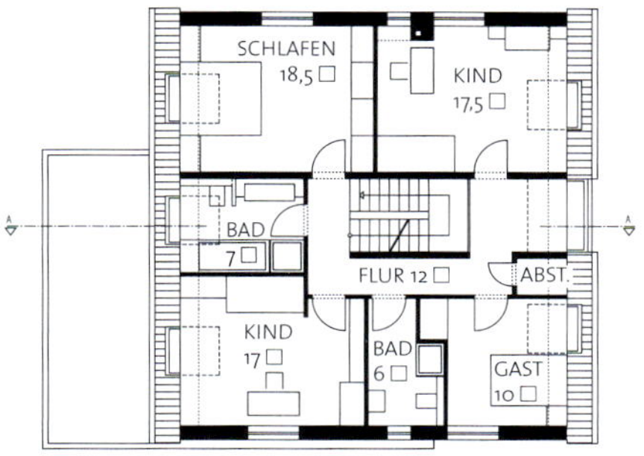

SPITZBODEN

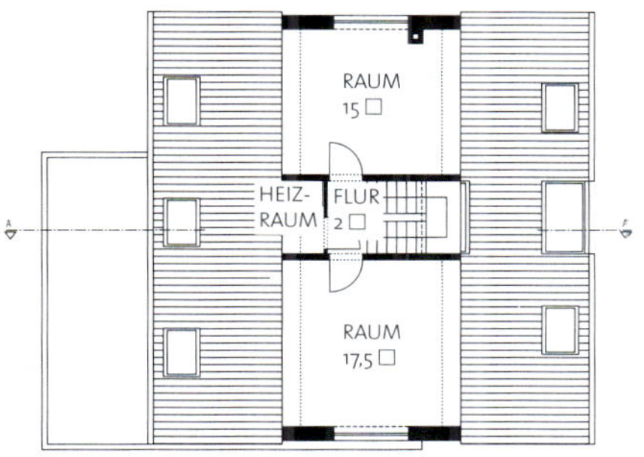

Das Gebäude gibt sich als schlichter, strahlend weißer Kubus, in den die Fenster ohne festes Raster eingeschnitten wurden.

Intim und großzügig wohnen

Ein Loft-ähnliches Wohnhaus in zurückhaltender Architektur sowie besonderer Schutz der Privatsphäre: das waren die Wünsche der Bauherren, die Architektin Anna Philipp perfekt umsetzte.

Außenarchitektur des Hauses

Für das Grundstück in einem Baugebiet mit Krüppelwalm- und Erkerarchitektur plante die junge Architektin einen schlichten kubischen Entwurf, der in deutlichem Kontrast zur umliegenden Bebauung steht. Als „Schuhschachtel mit Umrandung" wurde er denn auch bald von den Nachbarn bezeichnet. Zur Straße hin gibt sich das Anwesen geschlossen: hinter einer hohen Grundstücksumfassungsmauer ragt das eigentliche Wohnhaus als weißer, scheinbar nahezu fensterloser Riegel hervor. Öffnet sich das glatte, stählerne Eingangstor, liegt zur Rechten ein großflächiger überdachter Freisitz in Fortsetzung der Garagen, diagonal nach links führt entlang der Umfassungsmauer ein Pflasterweg auf den Hauseingang zu. Von besonderer Bedeutung für die Bauherren war der intime Gartenhof. Er schottet zugleich das Wohnhaus ab und ermöglicht in Verbindung mit der schlichten Materialiät und Formensprache der Gesamtanlage den Bewohnern, nach einem reizüberfluteten Arbeitstag zur Ruhe zu kommen.

Innenarchitektur

Im Inneren verbirgt sich ein komplexes Raumgefüge, das die rechtwinklige, geradlinige Form von außen kaum erahnen lässt: vom Entree aus gelangt man zunächst in einen schmalen, aber hellen Flur, der Blick kann bereits die gesamte Tiefe des Gebäudes durchstreichen. Man gelangt zunächst in den Wohn-Essbereich, an den halboffen die großzügige Küche anschließt. Von hier geht es ins Obergeschoss, wo sich die Schlafräume der Familie befinden: ein Elternzimmer mit Ankleide westlich, zwei Kinderzimmer mit eigenem Bad östlich, auf beiden Schmalseiten vorgelagert jeweils eine Loggia. Im Untergeschoss finden sich neben dem Gästezimmer und einem Büroraum ein Freizeitbereich mit Hobby- und Fitnessraum sowie eine Sauna.

Die Treppe zwischen Wohn- und Essbereich führt in halber Breite ohne Zwischenabsatz weiter ins Untergeschoss.

Der Essplatz ist über einen Luftraum Galerie-artig mit dem Obergeschoss verbunden.

Zwischen Küche und Essplatz führt eine hinterleuchtete Glastreppe ins Obergeschoss.

Die großzügige Küche wird durch die Treppenwand vom Essraum getrennt.

Der Essplatz wird zweiseitig über Fenster und darüber hinaus durch Oberlichter erhellt.

Blick von der Galerie in den Wohnraum.

Vom Eingangsbereich aus führt ein schmaler Flur auf den weiten Wohnraum zu und erzeugt somit Spannung.

Der Wohnraum

Zentrum des Hauses ist der lichtdurchflutete Essbereich. Sechs Meter hoch erstreckt er sich über zwei Etagen bis unter das flache Dach. Ein halbes Geschoss tiefer liegt der Wohnraum, über eine Galerie ist der Essplatz mit dem Obergeschoss verbunden. Vieles ist unkonventionell und unerwartet an dem faszinierenden Bau. Neben den ungewöhnlichen Innenraumproportionen auch die Proportionen des äußeren Kubus: bei einer Länge von knapp 21 Metern beträgt die Breite nur gut sechs Meter, wodurch die zweiseitige Belichtung der Wohnräume ermöglicht wurde, im Essbereich ergänzt durch zusätzliche Oberlichter. Wohn- und Essbereich werden über eine raffinierte, einläufige Treppe verbunden, die ohne Zwischenpodest in halber Breite weiterführt ins Untergeschoss. Die Stufen der Treppe ins Obergeschoss wurden aus grünem Glas gefertigt und unterseitig beleuchtet.

Materialien

Man möchte es kaum vermuten, doch bei dem außen und innen glatt weiß verputzten Gebäude handelt es sich um eine Holzständerkonstruktion. Als Bodenbelag wurde im gesamten Erdgeschoss polierter Zementestrich gewählt. Roher Estrich – das klingt nach „kühler" Ausstrahlung, doch das Gegenteil ist der Fall! Durch Polieren und Wachsen wurde die

Der Essplatz liegt gegenüber dem Wohnbereich um einige Stufen erhöht, ein weiß lackiertes Büfett dient als Brüstung und Raumteiler.

Oberfläche leicht glänzend, ihre Farbe changiert in grau-braunen Tönen. Der äußerst robuste, langlebige Fußboden erhielt somit einen eher „warmen" Charakter. Zu den weiß gestrichenen Wänden und dem grau-braunen Boden passen bestens die grünlichen Glasbrüstungen der Galerie, die die Materialtrilogie der Oberflächen des Wohnraumes komplettieren.

Besonderheiten des Entwurfs

Von besonderer Bedeutung für die Architektur des weißen Kubus sind seine Öffnungen und deren bis ins Detail durchdachte Anordnung. Sie wurden frei von einem Raster nach den sich aus dem Inneren ergebenden Erfordernissen in harmonischen Proportionen eingeschnitten. Unterschieden wurde dabei zwischen drei verschiedenen Arten von Öffnungen: zum einen außenbündig in der Fassade sitzende, quadratische Panoramafenster. Sie wurden rahmenlos festverglast, ihre innere Fensterbank dient als Sitzplatz.

Zum anderen Funktionsfenster, die sich öffnen und auch als Verbindungstüren zum Garten nutzen lassen. Aufgrund ihrer innenbündigen Positionierung werden sie auf der Fassade durch ihren Laibungsschatten betont. Und schließlich der hohe, schmale Gebäudedurchgang am östlichen Ende des Riegels sowie die Loggien an den beiden Schmalseiten: als tiefe Einschnitte in den Baukörper akzentuieren sie dessen Dreidimensionalität. Mit Abstand betrachtet lassen die Öffnungen insbesondere die beiden Längsfassaden wie abstrakte Gemälde wirken.

Möblierung

Der großflächige, hohe Wohn-Essraum wurde bewusst sparsam möbliert: den Wohnbereich dominiert ein schlichtes schwarzes Ledersofa, Wohn- und Essbereich werden durch ein weiß lackiertes Buffet voneinander getrennt, das ebenso wie der Esstisch von der Architektin entworfen wurde. Bei den Stühlen handelt es sich hingegen um Klassiker von Arne Jacobsen.

Das Wichtigste in Kürze

Entwurf: Philipp Architekten GmbH,
Anna Philipp, freie Architektin,
Wittighäuser Steige 2, D-74547 Untermünkheim
office@philipp-architekten.de
www.philipp-architekten.de

Wohnfläche des Hauses: ca. 270 m²

Baukosten: ca. 595 000 €

Fotografien: Oliver Schuster, Stuttgart, mail@schustervisuell.de

Neben dem Wohnraum führt ein Außendurchgang durch die gesamte Haustiefe.

Der rundum geschlossene Innenhof bietet der Familie eine intime Rückzugsmöglichkeit.

SCHNITT

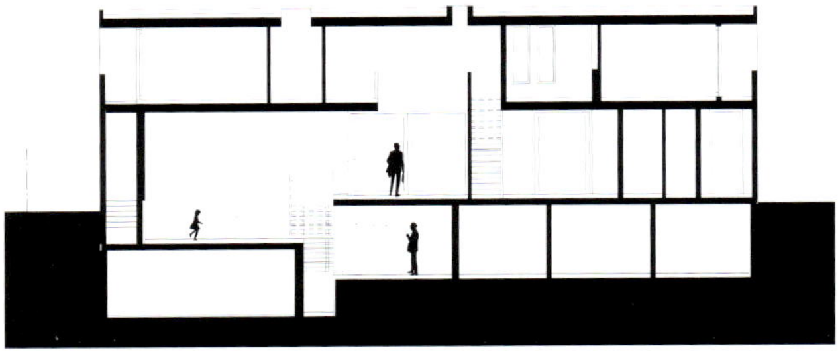

UNTERGESCHOSS

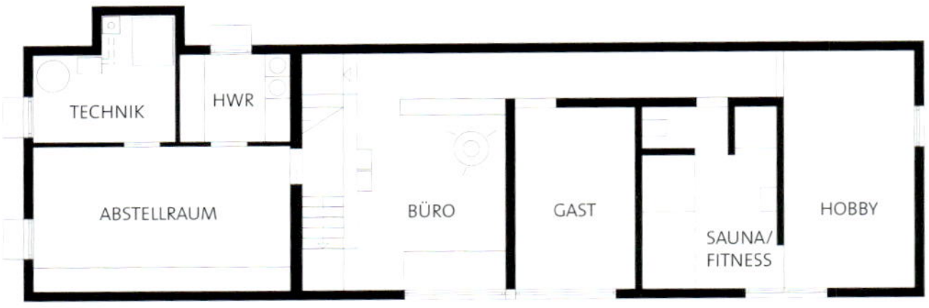

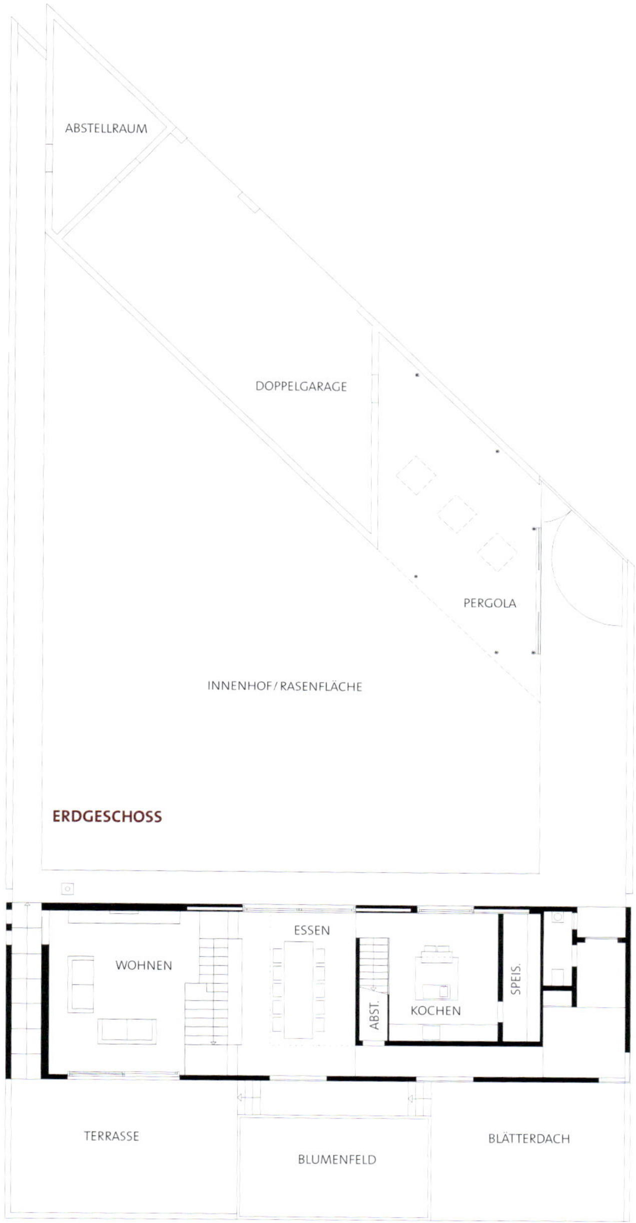

ERDGESCHOSS

OBERGESCHOSS

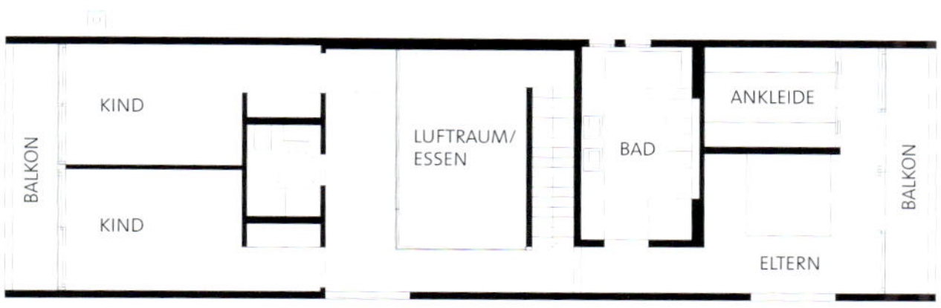

Mitte: In Fortführung der Garage steht ein überdachter Freisitz als Wohnraum im Freien zur Verfügung. Unten: Die zu öffnenden Fenster wurden innen oberflächenbündig angeordnet, die feststehenden außenbündig.

Jugendstil neu interpretiert

Der Jugendstil-Glanz des Mehrfamilienhauses ging in der Nachkriegszeit verloren. Architekten und Bauherr ließen ihn mit modernen Mitteln neu erstrahlen, ohne zu rekonstruieren.

Der für die Leidenschaft des Hausherrn entworfene Pfeifenschrank im Detail, in der Gesamtansicht und in der Entwurfsskizze. Rechts: Der Zwischenbereich zwischen Essplatz und Küche.

Edel und schlicht gibt sich die Küche; eine schwebende Natursteinplatte dient als Raumteiler und Sichtschutz vor der WC-Tür.

Außenarchitektur des Hauses

Der Architekt des um 1900 erbauten Hauses, Karl Buschhüter, war ein fortschrittlich denkender Mensch: als einer der ersten setzte er Eisenfachwerk im Wohnungsbau ein. Vor allem aber plante er moderne Backsteinbauten und zahlreiche Jugendstilhäuser im Rheinland. In einem davon befindet sich heute die auf diesen Seiten vorgestellte Wohnung. Dass es sich einst um ein Jugendstilhaus handelte, ist nur noch zu erahnen.

Innenarchitektur

Vor einiger Zeit erhielten die Innenarchitekten Andrea Weitz und Jens Wendland den Auftrag, die beiden unteren Wohngeschosse des Hauses neu zu gestalten. Während sich im Souterrain die Schlafzimmer der Wohnung mit den zugehörigen Nebenräumen befinden, liegt das nun wieder repräsentative Wohngeschoss eine Etage höher im Erdgeschoss. Beide Ebenen werden heute durch eine markante Kirschholztreppe miteinander verbunden.

Der Wohnraum

Kein gestalterisches Detail überließen die beiden Inhaber des Düsseldorfer Architektur- und Innenarchitekturbüros raumkontor dem Zufall, selbst scheinbare Problemzonen wurden gekonnt zu künstlerisch anspruchsvollen Elementen überhöht. So etwa die Innentüren, deren in den 1950er Jahren höhenreduzierte Wandöffnungen in keinem proportionalen Verhältnis zu den über vier Meter hohen Räumen standen: Weitz und Wendland entwarfen auf den ersten Blick ein wenig skurril anmutende Türblätter, die trotz beibehaltener niedriger Öffnungen proportional wieder mit der Raumhöhe harmonieren.

Auffällig auch der Bodenbelag im Entree, der sich in den Wohnraum hineinzieht: im Schachbrettmuster verlegter schwarzer und weißer Marmor, der von Giallo Numidicum, einem markant strukturierten, lange vergessenen tunesischem Marmor, gerahmt wird. Im Esszimmer umrahmt das hochedle Material ein Parkettfeld aus geölter Eiche, während im Wohnzimmer das unter einem miefigen Teppichboden versteckte Eichenparkett aufgearbeitet und neu geölt wurde. Edel wie alles hier wirkt auch der Putz an den Wänden: geglätteter Kalkputz, der mit seiner Sandfarbe den aufgrund des vielen Holzes schon recht warm anmutenden Charakter der Innenräume unterstützt. Und so kommt es, dass der Wohnung heute wieder das Flair von einst innewohnt und dass sie dennoch modern wirkt.

Jedes noch so kleine Detail wurde von den Architekten sorgfältig durchdacht, was zu einer besonders durchdringenden Ästhetik führte.

Der Wohnbereich wurde mit stoffbespannten Holzpaneelen ausgestaltet.

Die Innentüren wurden in ihren Proportionen harmonisch auf die Raumhöhe abgestimmt – aufgrund der niedrigeren Maueröffnungen führte dies zu einer ausgefallenen Individuallösung.

Den gesamten Entwurf durchzieht in allen Einzelheiten ein stringentes Konzept, das immer wieder Überraschungen birgt.

Möblierung

Zum Großteil lebt der Entwurf von seinen eigens entworfenen Möbeln. Sie wurden aus amerikanischem Kirschbaum gefertigt, vernickelte Messingelemente setzen schmückende oder funktionale ästhetische Akzente. Im Wohnzimmer wurde die Sitzecke mit einer hölzernen Paneelwand gerahmt, die Nahtfugen der Rosshaarbespannung wurden mit vernickelten Trennfugen versehen. In Fortsetzung der Paneelwand wurde ein Regal mit vielen kleinen, rechteckigen Metalltürchen angeordnet: es beherbergt die Pfeifensammlung des Hausherrn, jede Pfeife ruht hier in einem eigenen Fach auf einem samtüberzogenen Sandkissen. Die Aufzählung ließe sich noch lange weiterführen: sei es der Esstisch mit vernickelten Intarsien oder die eigens entworfene Küche, jedes Möbelstück wurde von den beiden Innenarchitekten speziell für diese Wohnung entworfen, als Teil des Gesamtentwurfs.

Die Schiebetüren folgen dem selben ästhetischen Prinzip wie die Schwingtüren; selbst die Lagerrollen wurden zum Gestaltungsmerkmal.

Das Wichtigste in Kürze

Entwurf: raumkontor Innenarchitektur Architektur, Andrea Weitz und Jens Wendland, Oberrather Straße 12, D-40472 Düsseldorf kontakt@raumkontor.com, www.raumkontor.com

Wohnfläche der Wohnung: ca. 200 m²

Baukosten: k. A.

Fotografien: Jürgen Wittke, Köln

Die Abdeckung des CD-Regals ist von der Griffmulde bis zu den Kugellagern ein weiteres Beispiel für die Detailversessenheit der Planer.

Die Gesamtansicht des Wohnraums im Entwurf.

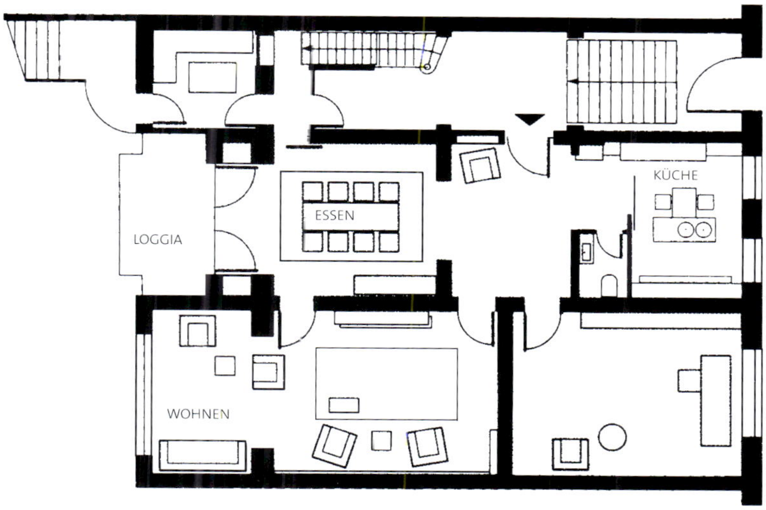

Impressum

Fotografen:
Siehe Angaben bei den einzelnen Projekten.

Titelbild:
Manos Meisen, Düsseldorf

Gestaltung & Satz:
P.S. Petry & Schwamb, Agentur für Marketing und Verlagsdienstleistungen, Freiburg / Br.

Bibliographische Information der Deutschen Bibliothek:
Die Deutsche Bibliothek verzeichnet diese Publikation in der Deutschen Nationalbibliographie; detaillierte bibliographische Daten zu diesem Werk sind im Internet unter http://dnb.ddb.de abrufbar.

Druck:
Druckpartner Rübelmann GmbH, Hemsbach

D-65232 Taunusstein
E-mail: blottner@blottner.de / URL: www.blottner.de
ISBN-10: 3-89367-108-0
ISBN-13: 978-3-89367-108-3 / Printed in Germany

Bücher für schöneres Wohnen

Bäder: planen, einrichten, erleben
Tipps und Ideen. Materialien und Beispiele

Kurt Jeni
128 Seiten, durchgehend farb. Abb. und Grundrisse. Fester Einband.
ISBN 3-89367-640-6

Das moderne Bad ist zunehmend ein Raum des Wohlbefindens und des Verweilens. Welche Möglichkeiten es gibt und wie groß der Raumbedarf dafür ist, beantwortet dieses Buch. Denn ohne Vorinformationen steht der Laie im Dialog mit den Fachleuten auf unsicherem Terrain. Anregend dargestellte Lösungsbeispiele aller Stilrichtungen und Preisklassen helfen, das richtige Bad zu finden.

Küchen: planen, einrichten, erleben
Tipps und Ideen. Materialien und Beispiele

Kurt Jeni
128 Seiten, durchgehend farb. Abb. und Grundrisse. Fester Einband.
ISBN 3-89367-639-2

Eine gut geplante und durchdachte sowie attraktiv gestaltete Küche bedeutet höhere Wohnqualität. Wer sich frühzeitig mit den Themen Planung und Gestaltung beschäftigt vermeidet Planungsfehler. In diesem Buch finden Sie nicht nur fundierte Fachinformationen sondern auch viele anregende Bild-Beispiele. Eine wertvolle Hilfe bei Planung und Kauf einer jeden Küche.

Hauseingänge
Die Visitenkarte des Hauses

Thomas Drexel
120 Seiten,108 farb. Abb., 20 Grundrisse. Fester Einband.
ISBN 3-89367-105-6

Tür, Vordach und Vorbau, Zugangsweg und der Vorgarten, aber auch der Flur schaffen unmittelbare Aufmerksamkeit. Das Buch zeigt vorbildliche Eingangslösungen im Wohnbereich sowie für gewerbliche und öffentliche Nutzungen. Es handelt sich dabei sowohl um Neubauten als auch um Renovierungen und Umbauvorhaben. Dieses attraktive Buch enthält Antworten auf gestalterische, technische und planungsbezogene Fragen – vom Einfamilienhaus bis zur Hof- und Gartenanlage.

Blottner Verlage • 65232 Taunusstein • www.blottner.de

Bücher für schöneres Wohnen

Wohnen mit Kindern
Planen, einrichten, erleben: Kinderzimmer, Spielparadiese, Erlebnisräume

Thomas Drexel
120 Seiten, 174 farb. Abb.,
20 Grundrisse. Fester Einband.
ISBN 3-89367-104-8

Das Buch enthält Beispiele und Anregungen für familien- und kindgerechte Planung bei unterschiedlichsten Voraussetzungen, Situationen und Altersstufen – vom liebevoll gestalteten Baby- und Kleinkindzimmer über das Jugendzimmer bis zum richtigen „Kindertrakt“. Es geht um Gestaltung von Lebens- und Erlebnisräumen wie auch um die altersgerechte, flexible Anpassung der Wohnwelten.

Das neue Buch der Wintergärten und Glasanbauten
Planen, Bauen, Wohnen: Ideen mit Glas

Kurt Jeni
128 Seiten, 208 farb. Abb.,
11 Grundrisse. Fester Einband.
ISBN 3-89367-636-8

Das Buch bietet Beispiele schöner Wintergärten – sei es als Umbauten, An- und Ausbauten oder in Kombination mit Balkonen, Terrassen und Garagen. Außerdem findet man alles, was man für die Planung und Ausführung eines Wintergartens wissen muss, inkl. Auftrags- und Bauabwicklung. Mit weiterführenden Informationen, Anregungen, Tipps, Adressen.

Das neue Buch der Kamine und Kachelöfen
Energiesparende Ausführungen: traditionell und modern

Kurt Jeni
128 Seiten, 284 farb. Abb.
Fester Einband.
ISBN 3-89367-632-5

Dem künftigen Kamin- und Kachelofenbesitzer werden in diesem Standardwerk rund 150 attraktive Ofen-Beispiele aller Stilrichtungen gezeigt sowie das bau- und betriebstechnische Basiswissen über Kamine und Kachelöfen vermittelt. Kurzbeschreibungen der in anregenden Bildern gezeigten Systeme sowie die entsprechenden Preis- und Herstellerangaben bieten Hilfe bei der Entscheidungsfindung.

Blottner Verlage • 65232 Taunusstein • www.blottner.de